李　航——————文 / 图

在南极的500天

500 DAYS IN ANTARCTICA

華中科技大學出版社
http://www.hustp.com
中国·武汉

谨以此书，献给冰山、企鹅、极光，

和我所有的南极朋友们。

序

时间退回到一九八五年，元旦前夕，南极洲的乔治王岛上迎来了共和国派出的首支南极科学考察队，那是我第一次到达南极。

当时的南极正值极昼，我和队友们连轴转，经常一干就是二十多个小时，累了就裹着被子蜷缩在帐篷里休息一会，甚至有人直接睡在雪地里。我们凭着血肉之躯移沙填海、垒袋造港，两个多月后，一座崭新的考察站在这里屹立起来，那便是我国在南极建立的第一座科学考察站——长城站。落成仪式上，当五星红旗飘扬在凛冽的寒风中，我和队友长时间肃穆地敬礼，滚滚热泪在我们脸上流淌。三十多年过去了，每每回想起来，这些场景仍然历历在目。

从那以来我便一发不可收，几十年间走“南”闯“北”，先后七次抵达南极，四次抵达北极，可以说是见证了我国极地科考事业的发展和壮大。还记得曾经去南极要写“生死书”，我就曾写下“我的生死由我自己全权负责！”的壮烈言语，考察队甚至提前准备好了裹尸袋，现在想起来那是怎样的一种豪情壮志！

如今，南极在国际上的科学和战略地位正在日益凸显，我国对南极科考的投入力度也越来越大，四座科考站相继在南极建立，围绕南极开展的各项科学研究成果也已经是硕果累累。生存和维系已不再成为我国南极科考的主要难题，科考队队员们得以将更多的精力集中在科学研究上。

三十多年来，武汉大学中国南极测绘研究中心每年都会派出师生参加国家的南极科学考察，至今已累计有一百多人次踏上了这片冰雪大陆。想当年，当我在测绘图纸上将乔治王岛附近的一处无名海湾标上了“长城海湾”的字样，这便成了我们中国人命名的第一个南极地名。现在，已经有三百多个受到国际认可的中文地名正赫然标记在各式各样的南极地图中，这背后是我的同事和学生们前赴后继的耕耘和付出。大无畏的南极精神在他们的血液里流淌，我为南极科考事业的传承和发展感到由衷的欣慰。

李航在我的印象中是个挺灵光的小伙子，在南极中山站驻守的一年多时间里，他不仅出色地完成了各项考察任务，摄影技术也是有口皆碑。他拍摄的南极风光照片在咱们极地圈子里曾经风靡一时，尤其是极光照片更是受到大家的热烈追捧，据说还因此得了不少国内外的大奖。我当时就觉得这个小伙子不仅吃苦耐劳，还能苦中作乐，很是难得。我久久地沉浸在他拍摄的美妙的极光照片中，究竟是怎样的一种动力，驱使着他在南极零下几十度的黑夜里按下快门，并且乐此不疲？这次当他将自己五百天的南极经历写成书交给我，并邀请我为他作序的时候，我为我们中心培养出了这样一位全面发展的优秀博士感到由衷的高兴。

当我翻开这本书，遥远却熟悉的南极风貌再一次在我眼前展开——广袤的冰原、巍峨的冰山、可爱的企鹅、神秘的南极光，还有一群冰天雪地里的科考队队员，这所有的画面一下子唤醒了我内心深处对南极的记忆，将我的思绪拽回到那片白茫茫的大陆上。书里内容的时间跨度超过一年，涵盖了南极一整轮的季节交替。凝练的文笔，配上全部由他自己拍摄的现场照片，他用年轻人的视角讲述了一个个真实却又鲜为人知的南极故事。我相信，通过这本书，读者可以对南极和南极科考有一个更加全面和深入的认识，并将对自然和生命心生敬畏。不谦虚地讲，光是书里精美的照片，就足够读者们赏心悦目一阵了。

南极既是一个考验人的地方，也是一个成就人的地方。长期在南极工作和生活需要极大的勇气和毅力——在这样一个封闭并且枯燥的环境里自力更生，除了要接受严寒和风雪的考验，忍受远离家人的孤单，面临新鲜食物短缺的困境，还得随时提防着心理疾病的困扰等等。当一个人坦然面对这些考验和洗礼，南极也就成了他生命里再也难以割舍的一部分，而此时的“南极”已经不再只是一个地名，一段记忆，而是经历磨练后的生命本身。

三十多年前，当我扛着沉甸甸的经纬仪在长城站周边测绘地形，艰苦的工作之余，是壮观的极地美景滋润着我的心灵，给我带来了莫大的慰藉。大自然无私的馈赠在我的心里生根发芽，最终演变成了我对南极的一种狂热甚至盲目的爱。

王安石曾经说过："世之奇伟瑰怪非常之观，常在于险远，而人之所罕至焉，故非有志者不能至也。"如今我早已是老骥伏枥，"有志"但却"无力"再去领略南极的"奇伟瑰怪"了。但翻开这本书，跟随着李航的文字和照片，仿佛又回到了那段激情燃烧的岁月。我相信读者们也一定能够通过这本书领略到南极的美丽和精彩。

最后，我想借此机会呼吁大家更多地关注南极，呵护南极！

武汉大学中国南极测绘研究中心名誉主任、国际欧亚科学院院士

鄂栋臣

2017 年 12 月于武汉

CONTENS

目录

穿越西风带时在驾驶舱看到的场景

一　路　向　南

一路向南

2014 年 10 月 30 日早晨，我从住舱的床上醒来，对面的条形沙发上王医生正打着呼噜，下铺的老吴已不见了踪影。昨晚是我第一次在轮船上过夜，原本期待能伴随着海浪的起伏温柔地睡上一觉，却不知是因为港口太平静，还是万吨级的“雪龙”太稳固，想象中摇篮般的浪漫睡眠并没有得到,反倒是狭小的住舱让我感觉有些压抑。

老吴进门的时候我正好从上铺下来，他穿着一身崭新的冲锋衣套装，手里拿着洗干净的碗筷，很明显他已经去吃过早餐了。老吴是咱们越冬队的电工，他个子不高，平时动作有些呆滞，干活却很利索，闲下来的时候喜欢画些素描，颇有些艺术家的风范。他一边描述着餐厅里的早餐样式，一边催促着我们去洗漱，说是一会送船的领导就要来了。

这时背后传来悠闲的哈欠声，王医生从沙发上坐了起来，揉着还未完全睁开的眼睛。他是个身材有些浮肿的大个子，平时都是笑呵呵的，喜欢插科打诨，刚开始大家经常拿他开玩笑损他是兽医，后来发现这事损人却并不利己，也就慢慢作罢了。

我走出船舱，天空中飘着小雨，不一会儿眼镜上就沾满了细小的雨滴。巨大的“中国第三十一次南极科学考察队”的旗帜悬挂在“雪龙”靠近港口一面的船身上，一起的还有各种送别考察队和预祝考察任务顺利的条幅标语。鲜艳的队旗和条幅将“雪龙”包裹起来，在阴沉的雨天里给人一种盛装的隆重感。

不一会儿，港口逐渐热闹了起来。稀疏的雨伞和雨衣陆续通过远处的检查点向我们靠近，人群中有扛着摄影器材的电视台记者，手捧鲜花的社会各界代表，以及前来送行的科考队员家属。广播在住舱和甲板上响起,提醒考察队员们整理好着装,送船仪式即将开始。

我们穿着和老吴一样的冲锋衣走下舷梯，在港口上面对“雪龙”的左舷站成长方形队形，国歌伴奏从音响传来，洪亮的歌声响彻在港口上空。随后国家海洋局的领导简单致辞，盛赞我们即将为国家极地科考事业做出的牺牲和贡献，并对这次考察任务的顺利完成表示了祝福。因为是雨天，仪式在短短几分钟内就结束了。记者们举着话筒找尽量多的人采访，家属则围绕在队员们身边交谈、合影。忽然人群中有人叫我的名字，我还没有来得及转过头，一只手已经落在我的肩膀上。王老师一身黑色夹克，脖子上挂着一台卡片相机，左肩上背着一个单肩包，用右手举着伞，微笑地看着我。我惊呆了，完全没有想到导师会亲自来上海送我出发，顿时脸上写满了惊讶和喜悦。早在大半年前我就确定参加这次南极科考，在实验室里他总会提醒我安全第一，注意保护自己之类的话。今天却没顾得上多说几句，广播就开始催促我们登船了。

大家被安排在面向港口的左舷甲板和舱盖上站成一排，舷梯慢慢升起收上船来。头顶的驾驶室方向传来一阵清脆的汽笛声，我开始感觉到了脚下的震颤。船身和港口的距离逐渐拉大，露出了悬挂在岸边的一排起缓冲作用的巨大轮胎。顿时，阵阵“再见”声如波涛一般从岸边涌来，我们又扯着嗓子一一给喊回去。放眼望去，岸上和船上的人群里全是挥动的手臂。站在我旁边的王医生忽然激动起来，朝岸边的一个女人和小孩疯狂地挥手示意，很明显，那是他的老婆和孩子。

“雪龙”在拖轮的牵引下逐渐驶离港口，嘈杂声中，我几次看到王老师向我挥手示意和拍照。直到岸边低矮的建筑和人群在视线里被压缩成了一条海天之间的直线，不知是谁的一声“喂”提醒了我们，大家纷纷掏出手机，顿时甲板上、舱盖上挤满了打电话的人，利用最后的信号和家人通话告别。这半年来，我准备了太多告别的话，等待着这一天的到来。前天从武汉出发来上海，在高铁站和父母、女朋友说了些煽情的话，害得两位女士伤心落泪。这次我并没有给家人打电话，一方面是怕他们再度伤感，另一方面也是担心信号会忽然中断，只是群发了一条短信，大意是说船开了，我会照顾好自己，别担心，后年再见。短信很快得到了回复，内容不一，都让我照顾好自己，平安归来。我收起手机，没有再回复。

顺着甲板上的扶梯我来到了顶层的驾驶室，船长站在船舵旁直视前方，一旁的引水员眉头紧锁，正举着对讲机和拖轮驾驶员沟通。驾驶室宽敞明亮，有近百平米，正中央是一排围绕着船舵弧形陈列的操作面板，后部则被一堵墙和两侧的帘幕隔断，形成了一个半封闭的空间，里面昏暗的灯光下陈列着航海图纸和电子陀螺仪。驾驶室的四周都是浅绿色的玻璃窗，因为处于整艘船的最顶层，距离吃水线二十多米高，因此拥有绝佳的视野，在空旷的海域里航行定会有一种坐拥天地的感觉。繁忙的航道里往来的船舶很多，满屏幕的亮点在雷达显示器上闪烁着，对讲机的公用频道里不时地传来附近船舶的喊话声。安全出港后，引水员向船长和船员们简单告别，沿着软梯回到拖轮向港口返回，“雪龙”便开始了自主航行。

到了下午，海水已经由长江出海口浑浊的黄色变成了清澈的蓝

穿越赤道时考察队会举办一系列活动，队友老周在喝啤酒比赛时豁了出去

绿色，四周载满集装箱的巨型货轮逐渐稀少，取而代之的则是零散分布在航道两侧抛锚撒网的小渔船。回头望船尾，海岸线已经消失在一层阴霾之中，前方的天空却逐渐通透明朗起来，我们仿佛航行到了一层结界的边缘。“雪龙”将按计划在一个多月的时间里昼夜奔袭一万多海里，载着我们抵达世界最南端的大陆。

我国自 1984 年首次组织南极科考以来，以每年一次的频率派出考察队前往南极，2014 年已经是第 31 次了。每年的十一月前后，从全国各单位选派的考察队员在上海极地考察国内基地码头集结，乘坐科考船前往南极。此时的南极出现极昼，温度升高，大陆外围的海冰融化，更利于科考船破冰接近和作业，所以各国的科考队也大多选择在这个时间窗口向南极大陆挺进。

浩浩荡荡的考察队由两百多人组成，其中有德高望重的老教授、经验丰富的工程师、随队的央视记者，以及像我一样脑门上写满了稚嫩的在读研究生。大家来自不同的单位，学科背景也各异。除了船员，我们按工作性质被分成了四支小队——度夏队、内陆队、大洋队和越冬队。度夏队的人数众多，任务多且时间紧，除了各项科考任务，还要负责科考站常规的维护和扩建等工作。内陆队将在抵达南极大陆后继续向内陆挺进一千多公里，直到抵达南极冰盖的最高点，是条件最艰苦、挑战最严峻的一支队伍。大洋队则会跟随“雪龙”的走航沿途采集数据，执行大洋考察任务。度夏、内陆和大洋队员们会在南极的夏季结束后跟随“雪龙”一起返航。在其他队员都撤离后，有一群人会继续坚守在考察站，度过南极的漫漫寒冬，直到来年“雪龙”送来新一批队员交接，这便是包括我在内的越冬队。

科考队员们三人一间，房间里有固定的上下铺，一条比床铺稍窄的沙发和一套靠墙固定的桌椅。原本被设计成两人的标准住舱，随着国家南极科考规模和队伍的壮大，不得已将沙发也利用了起来。包括我在内的越冬队员被安排住在三楼靠近船身中部的走廊两侧，每到饭点大家带上各自的餐具从住舱里蜂拥而出，留下急促的脚步声和碗筷清脆的叮当声在走廊里回荡。

晚饭后天色逐渐变暗，有人开始在舱盖上绕圈跑步，不一会儿身后就多了一群追随者。凉爽的海风具有强大的吸引力，船头、甲板和驾驶舱外的护栏上散落着三五成群交谈的人们。甲板两侧昏暗的吸烟室里烟雾弥漫，“烟友”们紧靠而坐，却不得不提高嗓门，在劈波斩浪的嘈杂声中相互交谈，偶尔爆发出阵阵爽朗的笑声，却又很快淹没在不停息的波涛声里。之前参加过南极科考的老队员们成了船上的“抢手货”，不论在住舱还是餐厅，船上的每一个角落都成了南极故事的讲习所。此时一名老队员正在甲板上拉伸锻炼，很快就被我们包围了起来。他将脚抬起放在护栏上，一边压腿一边微笑着娓娓道来，眼神中发着光。我们伸直了脖子好奇地听着，还一边不停地提问，满怀期待地憧憬着南极。

日子在船身摇晃起伏的节奏中流逝，背景音乐是发动机的昼夜不息、一路奔袭。大洋队经常在右舷甲板平台和船尾作业，每隔一段航程还能见到气象员在顶层甲板上释放探空气球。我随行带了些书和视频，却不堪船身晃动的干扰，看半个小时便觉得有些头昏脑胀。船上没有网络，没有电话，一周下来，大家就把各自家里的七大姑八大姨都聊了个遍，这让我们很为接下来航程里的消遣发愁。考察队在船上开设了“南极大学”，请船上各行各业的专家在大会议室里开设讲座，从老教授的南极冰川学科普，到船医的心肺复苏，再到央视记者讲述风光摄影技巧，大家不由得感叹这条船上真是群英荟萃，卧虎藏龙。我开始摆弄起临行不久前买的相机，清脆的快门声漂浮在空气里，从船舱到船顶，船头到船尾。空旷的大海上，即使在港口看起来气势恢宏的“雪龙”现在也不过是一叶扁舟。偶尔在甲板上望见远处的船舶的影子，我们能兴奋地围观好一阵。

经过半个月的航行，我们抵达了澳大利亚东部的霍巴特锚地。霍巴特是塔斯马尼亚州的首府，也是“雪龙”前往南极途经的补给点。靠港的当天夜里，有人在船尾发现了免费的 Wi-Fi 信号，消息传开后，船尾的平台上立马挤满了用手机通话和视频的人，与家人久违重逢的喜悦全都写在了脸上，昏暗的港口上空飘荡着一阵阵激动的嘘寒问暖。我利用微弱的信号给家人报平安，还发了一些在海上拍的照片。女朋友说这是我们头一次在长达半个月的时间里没有联系，打破了以往吵架后的冷战纪录，我俩都无奈地笑了。

除了常规的补给油料、淡水、新鲜食物和装备等，这次靠港我们还要执行一项代号为“1118”的绝密任务。当时 G20 峰会正在布里斯班召开，习近平主席和夫人、澳大利亚总理阿博特等一行将在 11 月 18 日当天抵达霍巴特港区，参观澳大利亚南极科考展览并登船慰问我国的南极科考队。整个考察队在高涨的热情中迅速展开各项准备工作，舱盖上开始铺设红地毯，船身上拉起了巨大的横幅，我们反复练习着合影的站位和姿态。

当天上午，港口的平静被摩托艇的巡逻声打破，一艘潜艇停在我们对面的泊位上。大家穿着统一的服装在舱盖上来回走动，激动地等待着那一刻的到来。王医生还不忘打趣地在人群里高声提醒：“一会儿千万别把手伸进衣服口袋里，不要连累大伙儿！”人群里

SWL HOOK 25t×22m
MAX.GR

霍巴特锚地，船员们正在为迎接主席一行做准备

顿时爆发出一阵哄笑，这时一名船员小跑过来，大家立刻安静，迅速站好了队形。

不久，左侧的舷梯上传来一阵响亮的脚步声，几个人影从前排的左侧慢慢进入视线中央，我睁大了眼睛，很明确地意识到，习主席和夫人就站在我们面前了！主席微笑着向大家问好，声音显得特别亲切，那是经常在电视上听到的熟悉声音。大家积极热情地回应，甚至有人激动地连续喊了几声“习主席”。合影完毕，主席一行进入船舱参观展厅和生物实验室，约半小时后，在考察队的欢送声中离开。激动的心情久久不能平复，大家反复交谈回味着刚才做梦一样的场景。午饭的时候，餐厅里像炸开锅一样，热闹非凡。我兴奋不已地提醒家人收看当天的《新闻联播》，晚上爸妈打过来说你们全都穿着一样的衣服，问我是哪个，我笑着说，当然是最帅气的那个。

两天后的傍晚，又一次鸣笛，又一次离港。这次我们将直奔三千海里外的目的地——位于东南极大陆的中国南极中山站。如果说前两周小风小浪下的航行体验还算舒适，那真正的考验将从现在开始，因为即将迎接我们的是惊涛骇浪的西风带，以及艰难的破冰之旅。离岸不到一小时，我已经明显地感觉到脚下起伏的异样，和之前经历的不同，船身纵向的涌浪剧烈加强。甲板上的人越来越少，大家陆续进入船舱，我爬上床躺下来，抓紧床边的侧板以对抗身体的晃动。

在持续一周多的时间里，整艘船被此起彼伏的巨浪包围，波浪将船身骤然抬高，然后又重重地摔下，一刻也不停息，仿佛一张巨大而有力的手将我们玩弄于股掌之间。站在驾驶舱，可以看到“雪龙”的头部一度整个钻进海里，又立马冲出天际，巨大的浪花从船头喷溅而上，打在面前六层楼高的挡风玻璃上。出于安全考虑，船长下令禁止一切舱外活动。

人在不借助外力的情况下很难站稳，即使躺在床上，也自带“翻来覆去”的背景音乐。大家晕头转向，数不清的人倒在了床铺上，迂回的走廊里回荡着声嘶力竭呕吐的声音。晕船症不同程度地折磨着每一个人，大家蜷缩在狭小的住舱里面面相觑，平日里悠闲的聊天被惊涛骇浪拍打船体发出的轰隆声所代替。整艘船被惶惶不安的气氛笼罩，我甚至开始担心起“雪龙”的安全。回想起来，我对在西风带善尽职守的船员和为大家提供餐饮的随船厨师感到无比的钦佩。我艰难地维持着一日三餐的作息，餐厅里人气大减，只剩下寥寥几人坐着用餐，有人拿了几个馒头就快步往回走，仿佛下一秒就坚持不住要吐了。虽说我们不被允许在餐厅外用餐，但在“魔鬼西风带”的威力面前，规定也就显得有些苍白了。大个子王医生在他瘦小的沙发上躺了一周，全靠我和老吴给他带稀粥和馒头回来，到现在我都难以忘记他艰难地坐起喝粥时那迷离可怜的眼神。

舱外的气温逐渐降低，暖气从天花板的送风口输送进来。我抹掉玻璃上的水汽朝窗外望去，飞溅的浪花向我提示，梦想中的那片大陆已经越来越接近了。

纯净的南极初印象

02

出师不利的冰面A组

出师不利的冰面 A 组

远处传来的惊呼声把我从睡梦中吵醒，枕头旁的手表告诉我现在是早上七点。强烈的日光穿透窗帘将住舱照亮，王医生和老吴都把头埋进了被子里。我好奇地推开走廊尽头厚重的防水门，却被扑面而来的一股寒流逼退，这才意识到自己只穿着一身单薄的睡衣。经过一个月的航行，我们一路南下，从深秋的亚热带穿梭过酷热潮湿的赤道，如今已经进入了寒冷的南极圈内。

自从上周安全穿越西风带以来，船上的人气逐渐恢复，几天前的“猜冰山”比赛更是将活跃的氛围推向了高潮——一些冰山顺着洋流从南极大陆向周围的海域飘散，船长组织大家竞猜出现在航线上的第一座冰山的纬度，这是考察队的一项保留活动。餐厅公告栏的表格里记录着大家的预测，密密麻麻的结果精确到了角秒。经常能看到有人在表格前托着下巴端详，像极了彩票站里苦心钻研的购彩者。一时之间，历尽劫难的解脱感和接近南极的兴奋之情笼罩着整支考察队。

我换上厚重的工作服走出船舱，阳光如利箭般直刺双眼。顺着左舷通往船头的过道，我找到了嘈杂声的源头。船头罕见地挤满了人，首先吸引我注意力的是挂在大家脖子上的“长枪短炮”，频繁响起的快门声正从我的四面八方传来。我眯着眼睛，将目光投向远方，好奇的表情立马被一脸惊讶换下，随之而来的是一阵持续的惊叹——“哇！哇！……”——十分钟前，正是同样的惊呼声把我从床上拽起来。

海天之间是一片纯净的蓝色，纯净到谁都不忍心打扰，但又让人忍不住地发出阵阵惊叹。船舷两侧泛起波澜，阵阵涟漪向远处的海面传播，成了唯一能区别海与天的依据。视线的尽头，海面和天空相接的地方是一片连绵的冰山，和它们的宽度比起来，实在算不上高，但仅凭直觉就能感受到这些冰山的巨大与恢弘。冰山的白色从天际向上下扩散，逐渐过渡为蓝色，渐变的笔触显得非常老道，既不会突兀，又不拖泥带水。渐变画布上的寥寥几笔，毫无征兆地俘获了我们这群不速之客的心。我站在船头高处的平台上久久眺望，身体不由得开始发抖，但我知道这并不是寒冷作祟，而是出于敬畏之心。

我来到驾驶舱得知，“雪龙”在昨天夜里穿过了碎冰区，此时我们正航行在一片平静的开阔海域。巨大的冰山背后，是连接着南极大陆的海冰，那也是“雪龙”即将破冰航行的区域。三副递给我一只双筒望远镜，食指笔直地向正前方伸过去，微笑地盯着我，一

在海冰上飞行的南极鹱

副杰克船长分享宝藏的轻松神态。没有多问，我接过望远镜，调整焦距后开始上下左右移动视场，一阵搜寻后，却并没有特别的发现，有些失望的我开始汇报观察结果。

“蓝天、海水、冰山……欸，还有些黄褐色的小点，那是……？”

三副想继续卖关子，却显然有些忍不住了，“还能有啥，中山站啊！”夸张的表情将微笑冲散，挂在他胖乎乎的脸上。

来不及做出惊讶的表情，我赶紧举起望远镜，仔细观察才发现冰山背后已经能望见南极大陆的海岸线，因为几乎是白色的，所以我之前误以为是成片聚集的冰山，而那些点缀在海岸线上的黄褐色斑点，是南极大陆边缘裸露在冰盖之上的基岩，也正是中山站所处的拉斯曼丘陵地区！朝思暮想的南极大陆，就这样在视线里不期而遇。我使劲地睁大眼睛，幻想着此时中山站也会有一位考察队员，站在高处向我望过来，我们的视线将在这世界的尽头完成一次特别的交会。残酷的现实将幻想击碎，整个拉斯曼丘陵在视场里不过是几个零星的小点，就更别说看见活人了。午饭时间，我兴奋地散播着望远镜里的见闻，没想到立马在餐厅引发了一阵骚动，还掀起了一阵在驾驶室排队借用望远镜的热潮。

当激动的心情慢慢平复，登陆就成了每一个人最期待的事——经过一个月的航行，离家已是一万多海里；对此时的我们而言，三十公里外的中山站，是这世界尽头唯一象征着家的图腾。

正在倒车准备进行第二轮冲击的“雪龙”

一架“海豚”直升机从船尾升起，投下的巨大影子从我们身上快速掠过，只留下空气被桨叶撕裂的声音在耳边回荡。“准备破冰咯！”有人喊道。“海豚”此行的目的是探查前方的冰情，这也吹响了“雪龙”破冰航行的号角。有经验的老队员开始向船头走去，自不必说，一群人跟着围了上来，准备一睹“雪龙”破冰的雄姿。脚下忽然感到一阵异动，“雪龙”开始提速冲刺了。几分钟后，之前还处在视线远端的海冰，此时已经位于我们脚下，船身的影子率先在海冰上登陆，人们屏住呼吸，紧握着船边的扶手向前望去，这是首次碰撞前的瞬间。

巨大的声音从我们的脚下传来，和想象的雄浑之音不同，竟有些类似短兵相接时兵器间的碰撞，却又不会那么高昂，听起来颇有些诡异。持续的断裂和摩擦声从四周传来，那是海冰被钢铁挤压、撕裂时发出的呻吟。我能明显感觉到整艘船被抬高，海平面被升起的船头遮蔽，有一种巨龙出水、冲破天际的错觉。“雪龙”的速度慢慢放缓，周围的声音也开始变得低沉，大约两分钟后，我们已经处在了海冰的包围之中。短暂的停留后，“雪龙”开始倒车，船头显露出一条狭长的“水槽”，这就是一次持续冲击形成的破冰区域。

“雪龙”采用“倒车冲击法”破冰，即开足马力加速冲向冰区，利用船头的冲击力和自身的重量对海冰进行挤压，到达极限后再向后倒，周而复始。艰难的破冰航行持续了三天，一条狭长的通道从

“雪龙”破冰至最远距离后停船抛锚

船尾向后方蜿蜒着延伸，一眼望不到尽头。因为越接近大陆，海冰就越厚，“雪龙”不可避免地到达了破冰航行的最远处，GPS 显示中山站就在前方不到二十公里处。

此时的“雪龙”是这片广阔的冰区里最显眼的存在，引来各种海鸟好奇地绕着我们飞行。而破冰形成的狭长通道成为海洋动物们

一只威德尔海豹在船尾的航道里浮上水面呼吸

得来全不费功夫的氧吧，走在船尾经常能听到尖锐的喷气声，顺着声音搜寻就能发现浮上海面呼吸的海豹。我还曾目睹鲸鱼在船头呼吸，海面瞬间升起数米高的水柱，等我反应过来拿起相机准备拍摄，却只拍到海面上的阵阵波浪，我遗憾得站在甲板上直跺脚。这些平时只能隔着屏幕见到的野生动物，让我第一次感受到了南极的狂野。

四周是白茫茫一片，稍远处经常有三五成群的小黑点闯入视野，虽然看不太清楚，但我们都知道，那些或站或躺、胖乎乎的家伙，

正在海冰上匍匐前行的帝企鹅

便是企鹅了。此时我们所处的普里兹湾海域，栖息着两种企鹅，一种是身材矮小、性格活泼的阿德雷企鹅；另一种则是身材高大、风度翩翩的帝企鹅。帝企鹅会随着船的靠近不紧不慢地远离“雪龙”这只庞然大物，阿德雷则怀揣着浓重的好奇心，站起来目送我们，古灵精怪的样子惹得大家哈哈大笑。

“站上刚才有人上船了，其中一个是武汉大学的，说是你的师兄。”抛锚的当天下午，有人特意跑进住舱提醒我。

当我赶到的时候，餐厅里已经没有人了，洗碗池边孤零零地立着两只杯子，其中一只还剩了些没喝完的咖啡，杯口冒着腾腾的热气。刚才队友所说的是我的同门师兄张保军，他早我一年在中山站越冬，我现在就是来接替他的工作的。虽然很遗憾没能见着面，但我还是能想象得到他在中山站生活一年后再次登上“雪龙”船舷梯时激动的样子。船舱外，轰鸣声中只见两辆雪地摩托正在离船百米开外的地方渐行渐远，向着中山站的方向返航。驾驶员穿着相同的橙色工作服，头部也裹得严严实实，我分不清哪一个是他，只好来回盯着这两辆车，也算是久别重逢了吧。后来得知，雪地摩托从站上开过来，是为即将开展的海冰卸货探路。因为工作重且时间紧，他们来不及多做停留，向船上的领导交代了沿途的海冰状况后，便匆忙地离开了。

我和王医生等一共六人被划分进了“冰面 A 组”，负责在船和站之间的海冰上巡视，尤其是注意冰裂隙的状态，必要的时候还要搭建简易的桥梁，以保证车队安全通过。其他的小组则负责诸如装载货物、为直升机加油等工作，还有的队友被“海豚”先行送上中山站，以补充站上接应货物的人手。在送走了包括老吴在内的若干队友以后，热闹的三楼住舱变得空荡荡的，这让我和王医生心里很不是滋味——据说站上不仅有电话，还有网络，这让我俩羡慕得心里直痒痒。

海冰上的舷梯

当冰面 A 组集结的通知在广播里响起的时候，我早已提前做好了准备——厚厚的“企鹅服”里加穿了一套羽绒内胆，崭新的护膝和护腰也都被派上了用场。戴上帽子、防风面罩，安装好墨镜夹片，全副武装的我们来到了二层甲板放置舷梯的地方。舷梯下面不远处停放着一辆军绿色的小车，在它周围的雪地上有几道明显的车辙。车的造型类似于高尔夫球场里的电瓶车，帆布顶棚，没有侧门，最大的不同在于它显眼的履带。为了减少对冰面的压力，使雪地车顺利通过，宽阔的履带是雪地车的唯一选择。

沿着舷梯走到末端，海冰因为被船身挤压而破碎、隆起，杂乱的缝隙里甚至映着海水冰冷的深蓝色。我依稀记得驾驶室里的雷达面板上显示的目前海域的深度一直都是三位数，想到这里不由得紧张起来，踌躇片刻后小心翼翼地跳到了远处比较平整的冰面上。六个人一股脑儿钻进车子，引擎随即发动，我转头望去，金色的阳光洒在船身上，“雪龙”像极了一条盘踞的金龙，卧在眼前这片白色的荒漠里。“雪龙”在视线里渐渐缩小，大家在嘈杂的引擎声中大声交谈，为摆脱长时间的海上漂泊，接了地气而兴奋不已——虽然准确地说，我们仍然是在海上，但大家却都似乎刻意忽略了这一点。我不由得想到了电影里的主角们开着敞篷跑车，在荒野公路上自由驰骋的场景，忍不住振臂高呼了一嗓子，却因为颠簸不得不赶紧将手放下，慌乱中找到车门上的把手握住，尴尬的我引来了大家的一阵哄笑。

让我没有想到的是，海冰并非在船上远眺时的一马平川——冰面上覆盖着一层厚厚的积雪，踩上去却并不柔软，不停息的寒风将雪面压实，并形成了起伏的地形。因为“雪龙”可以连续破超过一米厚的冰，所以在我们现在行驶的区域，海冰厚度应该是超过一米的。按照考察队以往的经验，重达八吨的 Pisten Bully 300（PB 300）大型雪地车能在这样的冰况下牵引货运雪橇往返于船站之间，我们驾驶的小车行驶起来就更没什么问题了。小车继续向前行驶，积雪受到履带的牵引从侧面溅到车子里，落在我的膝盖和靴子上。

让我们没想到的是，在行驶了大约十几分钟后，车子在一声异响后减速停了下来。驾驶员下车掀起引擎盖检查了一阵，又回到驾驶位上，尝试了几次点火，见车子仍然无法启动，只能回过头来冲我们无奈地耸了耸肩。在用对讲机向“雪龙”船汇报了我们的情况后，队里决定让我们先弃车按原路返回，由 B 组替我们值班。想到自己塞满了干粮和应急药品的背包，还有保温壶里的热咖啡，本想在南极现场出的第一趟任务中大干一场，此时却不得不中途折返，一股强烈的失落感涌上心头，沮丧的我对着地上的积雪飞起一脚，四溅的雪粒逆着阳光飘了一会儿又落下。

返回的路上大家一言不发，在雪地里深一脚浅一脚地前行，此时虽然已经是下午六点，但阳光仍旧强烈得让我们抬不起头。大约半小时后，走在最前面的我停了下来，坐在雪地上，取出“企鹅”服里热气腾腾的护腰，丢在了背包里。等大家都靠近了，我才发现每个人都已经是大汗淋漓。在缺乏参照物的空旷海冰上，偌大的“雪龙”在视野里只是个不起眼的小红点，究竟还要走多久才能回到船上，我们心里都没数。“真是望山跑死个马！”王医生用手撑着腰，气喘吁吁地抱怨道。

远处传来轰鸣声，逆着阳光看过去，一架直升机在向我们靠近。它的体型比“海豚”大得多，力气也明显比“海豚”足。这架大块头 KA-32 是采用吊装的方式，将船上的补给物资运往中山站，此

KA-32在地勤人员的协助下吊运货物。右侧是破冰后形成的航道

时一只巨大的集装箱正被它用钢索吊起，朝我们开过来。“海豚”负责运送考察队员和随身的行李，KA-32 则负责运送货物，但两架直升机的运力毕竟有限，在海冰有足够的承载能力时，大部分的物资都会被装进带雪橇的货舱里，由雪地车队牵引着通过海冰抵达中山站，这个过程被我们称作海冰卸货。

潮汐缝，又叫冰裂隙，是海冰卸货最大的威胁。低温使海水表面结冰，但海冰之下仍然暗流涌动，在巨大的潮汐力作用下，海冰被撕裂出一条条巨大的口子，形成了冰裂隙。当浩浩荡荡的卸货车队往返于站船之间的海冰上，冰裂隙就成了车队的头号关注对象，而排查冰裂隙就是我们冰面 A 组的护航任务之一。几天前我曾听一名老队员讲起几年前发生的惊险一幕——一辆雪地车不慎掉进了冰裂隙，就在车身迅速下沉的时候，机械师急中生智，侥幸从天窗逃了出来，在冰冷的海水中挣扎着爬到了冰面上。这一幕被“雪龙”驾驶舱里值班的队友看到，救援人员迅速赶到，这才将冻得半死的机械师从鬼门关拉了回来，而他那辆雪地车则永远沉睡在了冰冷的南大洋底。

经过大约两个小时的步行，我们拖着疲惫的身体，回到了“雪龙”巨大的身躯旁。不远处，机组地勤人员正在船边配合 KA-32 准备着下一个架次的吊运任务。另一侧，大洋队在雪地里架起了仪器，看样子应该是在做冰雪和海洋特征的取样。一只阿德雷企鹅不知从哪里冒了出来，好奇地向我们几个靠近，直到距离我们只有两米左右的时候，小家伙站立着将我们打量了一番，然后挥动着短小的翅膀，奔跑着离开了。

上船后的我们稍作休整，便立马“转业”，投入到整理物资的工作中。数十个集装箱的物资，是中山站一年内的所有补给，需要在短短几天的卸货期间里全部进行清点和整理，这对业余的我们来说，是一项不小的挑战。两天后，我们终于接到了上站的通知。

“海豚”从中山站飞过来，平稳地降落在船尾的飞行甲板上，队友刘杨走出直升机，在桨叶形成的强大气压下弓着身子向我们走来。强劲的风力和巨大的噪音没有给我们寒暄的机会，他接过我们搬来的行李箱，往机舱靠后的空间塞进去。飞行员侧过脸来，挥手示意我们加快速度，我们几个迅速钻进了机舱。

和想象中“高大上”的私人专机不同，“海豚”的机舱甚至可以称得上简陋。狭小机舱里的每一寸空间都被利用起来，四四方方的行李箱和储物盒塞满了座位以外的所有空间。地勤人员靠过来检查舱门，和飞行员比了个手势，几秒钟后，直升机便摇摇晃晃地升了起来。我趴在窗口俯瞰，飞行甲板上露出了巨大的“H”(Helicopter)字母，“雪龙”很快被我们甩在了脚下和身后。视野所及，是夕阳下的金黄色的冰原。

在“海豚”上俯瞰冰山

窗外一座座巨大的冰山仿佛被涂抹上了鲜艳的颜料，光影交错下，金黄和深蓝两种色彩交织，融合在冰山的表面，像油画般令人赞叹。“太美了！”我拍了拍坐在我前面的刘杨的肩膀大声喊道。

刘杨回过头冲我微微一笑，或许是噪音太大的原因，他没有说话，只是把手伸过来，很明显是要让我看时间。手表显示现在是十一点多，但我又特别确信这不是上午，所以现在已经接近凌晨了！我当下才恍然大悟，最近的几天，我们正经历着南极的极昼，而眼前的金色光辉，正是大名鼎鼎的午夜阳光（Midnight Sun）！

一只阿德雷企鹅从我和队友之间穿过

乘坐“海豚”飞往中山站

我们坐在金黄色的机舱里继续飞行，对讲机传来令人精神抖擞的通话：

“中山中山，我是‘海豚’，即将到达停机坪，OVER。”

“‘海豚’‘海豚’，我是中山，欢迎你们，OVER。”

两名地勤人员在海冰上执勤，周围的雪地里布满了脚印。
从船上看过去，仿佛正在外星球漫步的宇航员

海面上漂浮着体型巨大的冰山

03 南极之夏

南极之夏

在一阵令人慌乱的失重体验中，我们降落在了中山站的停机坪上。即使算上起降的时间，从船上到站上只用了大约五分钟。短暂的飞行没有给人缓冲的机会，将我们从一片冰雪世界带到了眼前这个沙土飞扬的地方。我不相信自己的眼睛，陷入了一阵迟疑中。这时，早早守候在停机坪的队友们一拥而上，将我们的行李转移到了安全区域。

南极是一块巨大的大陆，绝大部分区域被常年不消融的冰雪覆盖，其平均厚度超过两千米。这片连亘一千三百多万平方公里的巨大冰原，被形象地称作南极冰盖。中山站所处的拉斯曼丘陵地区，正是冰盖覆盖范围之外裸露的基岩区域。到了南极的夏季，受极昼的影响，太阳终日烘烤着大地，上一个冬季积累的冰雪便开始渐渐融化。大部分消融的冰雪形成水流汇入了大海，经过丘陵地区造成一片泥泞；一部分则在地势低凹的地方囤积，形成具有一定储量的淡水湖泊，成为科考站周边宝贵的淡水资源。

印度巴拉提站

祖国您

夕阳中的中山站区

四周散布着大大小小的建筑物，它们棱角分明，被暴露在户外的管线相互连接起来。眼前几个标准大小的集装箱是刚从船上运过来，还没来得及摆放整齐。身旁是一幢深绿色的两层建筑，消融的冰雪水正从房顶滴滴答答地落下。远处的山头上，矗立着几排高大的天线阵列。站区的管理员开来一辆灰色的皮卡，将我们和行李一起带往宿舍。一路上，吊车、装载机、运送集装箱的货车正在忙碌个不停，直升机起降卷起阵阵沙尘。尘土、泥泞和喧嚣之中，整个中山站仿佛一个巨大的工地，和我想象中的南极净土简直是天壤之别，失落的我坐在皮卡的拖箱里一言不发。

越冬宿舍楼是两年前新建的，进门是一个约一百平米宽敞的公共空间，二十多个单间呈环状分布在周围，沙发和茶几上散落着一些书，干净温暖的环境让人几乎忘了此时自己正身处冰冷的南极大陆。师兄张保军不知从哪冒了出来，他比我印象中明显瘦了一些，脸上晒得黝黑，咧嘴微笑地向我靠近，“你终于来啦！”久别重逢的喜悦给了我不少安慰，我们激动地抱在一起，互相拍打着彼此的肩膀。他将我带到宿舍，十来平米的小房间异常整洁和温馨，最令我感到惊喜的是，房间的窗户面朝大海，坐在屋子里就能将远处的海冰和冰山尽收眼底，这应该是世界上顶级的豪华海景房了吧！

当我正在整理行李的时候，队友过来说海冰上正缺人手，问我要不要一起去，我毫不犹豫地答应了。重新穿上厚重的“企鹅服”，我们穿过站区泥泞的道路，来到了结冰的海面上。这儿停着两辆雪地摩托，杂乱的冰面和冰山之间，蜿蜒着一条被雪地车履带轧出的小道。周围还站着几名队友，见我过来了亲切地打着招呼。对讲机里传来车队的喊话，“雪龙”那头装载了几个雪橇的货物，正向我们驶过来。这里是车队的登陆点，我们的工作是协助工程车辆卸载货物，在吊装集装箱时，牵引钢丝绳进行摘钩和挂钩。令我没有料到的是，自告奋勇的值班，竟然一值就是一整夜。考察队正利用极昼带来的便利，加班加点地开展卸货工作。在下半夜等待车队过来的时候，我又冷又困，只能蜷缩着身体，侧躺在雪地摩托的坐垫上面打盹。

早上六点，有人来换班，灰头土脸的我简单洗了把脸就钻进了被窝。醒来已是午饭时间，餐厅里挤满了人，很多人直接将连体工作服褪到了腰部，面罩就直接缠在脖子上，墨镜则挂在领口，俨然一副随时准备投入工作的架势。管理员找到我，给我临时安排了一项新任务——帮厨。还没来得及熟悉各种仪器设备，却将囿于厨房和餐厅，这让我一时难以接受。

换班回来的人往往会直奔会议室，舒服地躺在沙发上打电话发微信，疲惫的脸上洋溢着灿烂的笑容。先进的卫星通信设备使中山站能与外界沟通，除去基本的通信保障和科研数据的传输，剩下的带宽被转化成了开放的电话和网络信号。度夏期间由于人员众多，原本紧张的带宽经常发生拥堵，大家只能排着队打电话，若想在微信上发图片和视频更是只能等到夜深人静的时候。虽然通信条件很

“闯入”站区的帝企鹅

差，但万里之外得以和家人进行交流，哪怕只是寥寥几句，对我们来说也是莫大的安慰。

趁着休息，我和几名队友换上精神的冲锋衣，到广场上与“中山石”合影，连着一些站区里的照片给父母发了过去。我问母亲，现在知道中山站长什么样了吧？——她曾经以为我们会像电视里的爱斯基摩人一样，住在用冰块砌成的房子里。

越冬队员之间的交接穿插在忙碌的卸货工作中，在前任越冬队员的带领下，我们奔走于站区的各个角落，几天下来渐渐熟悉了各

在中山站能望见远处的“雪龙”

自的工作内容。考察队在会议室里进行了庄严的交接仪式，这意味着中山站的各项运行工作正式移交给了我们十八名新任越冬队员。第二天中午，有人告诉我老越冬队员已经撤离，没有想象中的深情告别，保军师兄在匆忙中离开了中山站。

“雪龙”即将起锚离开中山站，围绕着南极周边海域继续执行大洋考察，并在夏季结束前返回中山站。航行期间“雪龙”将会在新西兰进行第二次补给，前任越冬队员们也将在这下船，乘坐航班返回国内，赶在春节前夕与一年多未见的家人团聚。

此时的内陆队员们成了站上最忙的人，他们在为几天后出征南极内陆最高点做着最后的准备。南极的地形好像一只倒扣的锅，海拔从沿海地区向内陆不断爬升，很多人不知道的是，世界上平均海拔最高的大陆正是南极大陆。我国的昆仑站就建在南极冰盖的最高点冰穹 -A（DOME-A）附近，那里的海拔超过四千米。内陆队将从中山站附近的冰盖上集结出发，驾驶雪地车挺进昆仑站，单程约 1300 公里，耗费约两周的时间。咱们的越冬站长老崔曾屡次出征内陆，是个地道的“老南极”，这次他也将一同前往昆仑站。他经常给我们讲起艰苦的内陆考察经历，比如为了节约用水，在长达两个月的时间里不洗澡，洗脸和擦碗都用湿纸巾；厕所是露天搭建的，蹲坑得注意别冻坏屁股，等等。当一切准备就绪，我们在内陆出发基地举办了热闹的出征仪式。

紧张的卸货工作已经结束，如今又送走了内陆队，站上只剩下我们越冬队和部分度夏队队员，工作和生活的节奏明显慢了下来，网速也得到了一定的提升。

除了中山站外，拉斯曼丘陵地区还有两座常年的考察站，一个是俄罗斯的进步站，另一个是印度的巴拉提站。进步站和中山站之间的直线距离只有一公里，因为离得太近，刚上站那会儿我曾误以为进步站也是中山站的一部分。巴拉提站稍远一些，离我们直线距离约八公里，中间还隔着一片海。考察站之间经常会举行一些活动，比如聚餐、打球等等，遇到困难更是会相互照应。大家用英语进行交流，我还兼任了中山站的翻译。

每一位科考队员都肩负着明确的科考任务，但偌大的站区运行起来免不了各种琐事，比如搬运物资、帮厨、垃圾分类和清理等，对讲机里一喊话，大家都是随叫随到。这里不比在国内，工作和生活之间并不存在明显的界限，保质保量地完成自己分内的科考任务，仅仅是在南极现场工作的最低标准。

我陆续收到国内实验室安排的一些新任务，其中一项是前往一座数公里外的山顶对达尔克（Dalk）冰川前沿进行观测。因为是第一次徒步前往野外作业，站上为我安排了几名队友陪同，几个小时的跋涉使我们大汗淋漓，却没有人愿意放慢脚步，因为翻山越岭的途中，宏伟壮观的景象在我们眼前接踵而至。冰川周围的南大洋里，漂浮着一座座巨大的冰山。这些大家伙从冰盖的边缘崩解而坠入大海，开始了自己四处漂泊的宿命。它们形状各异，有的顶部像一座平坦的足球场；有的表面粗糙，你能在上面找到各种奇怪的纹理。“雪龙”在航行的过程中会远离这些大型冰山，而当我们站在了海边的山顶上，这些巨大的冰山位于我们脚下，如此近距离欣赏着大自然的鬼斧神工，实在是让人惊叹。尽管体型庞大，仔细观察的话，会发现这些大家伙正随着洋流缓慢地旋转和移动。

1 月 18 日，持续了两个月的极昼终于在中山站宣告结束。当天发生了一件趣事，当时广场上正进行消防演练，远处的海冰上有个黑点正在慢慢地靠近，刚开始我以为是一只海豹，却没想到这黑点忽然立起，朝我们直勾勾地望过来——原来是一只帝企鹅！它摇摆着肥胖的身体向我们继续靠近，走到跟前才发现这家伙竟然如此高大，身高绝对超过一米。我们和它保持着一定的距离，有人掏出手机一阵拍照，还有人跑回宿舍取了相机又过来。它晃晃悠悠地转动着脑袋，呆呆地打量着每一个人。等到大家把照片都拍了个够，它才躺下去，匍匐在雪地上，脚掌往后蹬着跐溜地离开了。

时间进入 2 月，中山站周边出现了大片的开阔海域，此时是海冰融化程度最高的时期，从下旬开始，随着气温的回落，海面又将重新封冻起来。“雪龙”赶在这个绝佳的时间窗口，满载着从新西兰补给的物资，在距离中山站几公里外的冰山后面游弋。为了更好地配合第二次卸货，内陆队也按计划在“雪龙”抵达前一周返回了中山站。

生活再一次被忙碌的卸货任务填满，海冰卸货已然不再适用——两个月前一米多厚的坚固海冰已融入海水不复存在，眼前所见是一片汪洋大海。一艘小艇从“雪龙”的舱底吊出，由它牵引着驳船往返于船站之间，成为卸货的主力。一时之间，熊猫码头成了站上最热闹的地方。

正在地板上晾干的“福”字

随着极昼结束后日照时间的缩短，大自然即将恢复正常昼夜交替的规律。虽然午夜时分太阳已经沉入了地平线，但还是有部分光亮投射上来。我曾好几次在夜里走到站区的空旷地带，架起相机拍摄南极的星空，却因为日光的干扰没能拍到预期中繁星闪烁的景象。令我没有想到的是，在经过了几次尝试之后，却竟然毫无防备地邂逅了南极光！明亮的夜空中出现一道暗淡的光芒，隐隐约约，却明显在缓慢地变化着，仿佛一道正在缓慢绽放的绿色焰火。第一次见到极光的我激动得说不出话来，只顾着一个劲地在雪地里喊叫。

KA-32 卷起沙尘和雪迎面扑来，大家纷纷寻找庇护

不知不觉春节临近，早在国内出发前就准备好的剪纸、彩带等开始张贴在考察站的各个角落，综合楼里的乒乓球台变成了写对联的专用地盘，书法好的队友正手握毛笔挥洒文字，周围排起了长队，一时间墨宝难求。除夕当天，厨师无疑成了站上最忙碌的人，帮厨也从平时的两名增加到四名，厨房门口不停地传来碗碟的碰撞声和清脆的切菜声。通讯员将站区其他地方的网络全部切断，把所有的带宽留给了餐厅里用来直播春晚的大电视。这是我度过的第一个没有家人陪伴的除夕，想象中的触景伤情并没有发生，队友们的陪伴让这个春节显得颇为热闹。

2 月下旬，南极的夏季即将结束。就在度夏队员撤离中山站之前，考察队决定解决一个历史遗留问题，将前几次队临时放置在印度巴拉提站的航空煤油运回中山站。作为翻译，我和十几名队友乘坐 KA-32，分成两个批次先后抵达了巴拉提站。巴拉提站的主建筑由德国人设计建造，在光秃秃的丘陵地形上显得十分具有现代气息。因为之前发邮件提前说明了此行的目的，简单的沟通后，他们的站长便将我们带到了油桶的所在地。只见四个印有“中国南极考察队”的半高集装箱散落在四周，里面摆放着一百多只装满航空煤油的油桶。我们的任务就是将油桶编成数组放入网兜，协助 KA-32 将其吊运回中山站。

当 KA-32 贴近地面悬停吊挂网兜时，高速旋转的旋翼将雪和沙子一同卷起，扑面而来，大家紧闭着双眼，压低身体蜷缩在集装箱边上寻找庇护。出发的时候领导交代我们尽量不要给印度站添麻烦，尤其是不要在他们那里吃饭，所以当他们在饭点前邀请我们用餐的时候，我们笑着指了指地上的几个纸箱，表明我们带了食物过来。苏打饼干和矿泉水就是我们的工作餐，趁着 KA-32 返回中山站加油的空隙，大家坐在雪地里争分夺秒地享用。

在和度夏队的队友们相处了五个月后，分别的日子终究来临。吃过早饭，度夏宿舍楼门前停满了车辆，人们往外搬运着各自的行李。两辆皮卡来回将他们送往码头，装载机则托举着装满行李的网兜在前面开路。小艇和驳船已经在码头等候多时，船员们明显已经习惯了这送别的场景，任我们告别、拥抱、呐喊，他们只是做着自己的本职工作，固定网兜，起锚，开船。小艇在巨大的冰山丛林间小心地穿梭，船上的人们纷纷举起相机留下中山站的最后影像，一阵拍摄后放下相机，露出一张张感慨和不舍的脸。

“海豚”从头顶呼啸而过，这是它在此次考察中执行的最后一次飞行任务。不久后，对讲机里传来了清脆的汽笛声，那是“雪龙”即将启程返航，考察队在向我们告别。包括我在内的十八名越冬队员，将继续驻守在中山站，在这片与世隔绝的大陆自力更生，直到下一次考察队的来临。我忽然感到有些绝望，仿佛自己被抛弃在了一座孤岛上，对未来的生活感到一片茫然。我的多愁善感很快被王医生打破——“终于走咯！回去试试视频网速怎么样！”

乘坐小艇离开的队友们

海平面上，一轮明月正缓慢爬升。光线渐渐减弱，中山站华灯初上，远处的冰山在夕阳的余晖里，显示出奇幻的色彩。我对着远方的海面眺望，没能望见“雪龙”。

从天而降的紫色极光

04

凛冬将至

凛冬将至

随着度夏队队员的离开，之前的繁忙和热闹不再，偌大的中山站区忽然变得冷清起来。吃饭的时候再没有长长的队伍，餐厅里多余的桌椅也被我们推到了墙边，空出一片光秃秃的地面。大家趁着吃饭的时间畅所欲言，一方面总结各自的工作，一方面也对近期的任务做个规划，同时听取大家的意见，或是申请人手帮忙，协调动用车辆、工程机械等。在老崔的动员下，大家很快进入了越冬状态。

茶余饭后，有一个词被大家提起的频率越来越高，这便是“越冬综合征”。早在“雪龙”上我们就曾听老队员提起，甚至还被忠告“别惹越冬队员”。在南极越冬的考察队员，因为在与世隔绝的极端环境下长期工作和生活，生理和心理上都容易出现不同程度的病理症状。尤其是在每年的5月下旬到7月中旬，南极正值极夜，除了孤独和寂寞之外，考察队员们还要经受长时间黑暗的考验，容易出现嗜睡、抑郁、焦虑等症状，神经、内分泌和免疫功能也会出现紊乱，这在医学上也已经得到了证实。据说曾有人即使在回国后病征也难以消除，甚至伴随终身。听他们讲得越多，我心里也就越觉得发麻，原本以为平时多注意安全和健康就万事大吉了，对心理问题却完全没有应付的经验和底气。

强烈的下降风从冰盖上刮来，将巨大的冰山和零碎的浮冰吹进熊猫码头和内拉峡湾，海面开始重新凝结。企鹅不再频繁地出现在站区周边，就连贼鸥也渐渐不见了踪影。身边的一切都在暗示着我们——凛冬将至。我们仿佛严阵以待的士兵，开始“深挖洞，广积粮”，提前做好应对极夜的准备。综合楼二楼的办公区里进行着各种仪器的调试，发电栋里的三台发电机组和水暖系统都被细致地检修，机械师则在车库里忙着保养站区大大小小的十几部车辆，大家在管理员的带领下对仓库里整个越冬期间的食品和物资进行整理。

我和队友前往野外的观测栋里存放应急物品

我正在投放验潮仪

在进步湖钻取饮用水

极夜可不仅仅只是见不着阳光那么简单，伴随而来的还有低温和狂风，极端严峻的气候条件彻底切断了外界支援的可能性，可以说，此时的南极大陆几乎被整个从地球上隔绝，任何因工作疏忽而造成的影响，到了这时都会被成倍地放大。举个例子，曾经中山站的户外供水管道因为辅助的供热系统故障而结冰，导致整个站区的供排水中断。考察队员只能打着电灯钻进冰冷的管道底部，在风雪和黑暗中接力将管道内结的冰凿碎并取出。这是一场与时间的赛跑，如果管道内的去冰速度赶不上结冰速度，情况将会进一步恶化。同样的，如果在通信、发电或者食物保存等任何一个环节出了纰漏，对越冬队员来说都将是一场严峻的生存考验。

大家在各自负责的气象栋、高空大气物理实验室、臭氧和地磁观测栋等散布在站区周边的独立建筑里都放了一些水和食物，万一在外出工作的时候遇上暴风雪，可以选择就近躲避。我从库房里搬来一箱矿泉水和几盒饼干，放在位于天鹅岭的卫星观测栋，以备不时之需。

比起站区旁边的莫愁湖，听说几公里外的进步湖水更加清醇甘甜，我和几名队友便开着 PB 300 前去取水，用冰钻将结冰的湖面凿穿，再用水泵将湖水抽到水囊里运回，也算是在即将到来的极夜里为大家改善伙食了。就这样，整个站区在一阵忙碌的准备中迎接极夜的到来。

一天早晨，我在例行巡逻时发现振兴码头附近出现了一片开阔水域，原来，前一天夜里罕见的西风将积压在海湾里的海冰全给吹走了，这正是投放验潮仪的绝佳时机！我激动地跑回站区向老崔汇报，准备按照之前讨论的方案投放验潮仪。验潮仪是一种用来观测潮汐涨落的仪器，运行了几年的仪器在去年的一次大潮中损坏，这次我带了新的过来替换，原本想在度夏期间进行投放，但却因为种种原因拖延到了现在。我一直在心里默默祈祷着，希望能在海面重新结冰之前找到合适的投放机会，而眼下再合适不过了。

在南极现场，很多工作的展开都需要合适的天气和时间窗口，可以说一定程度上是“看天吃饭”，所以这也反过来要求我们抓紧每一次机会，高效地完成各项任务。机械师迅速将吊车开到了码头，吊臂向海面伸出去，末端的吊钩上悬挂着一只金属框，我穿着救生衣站在框里，在测量了几处海水深度并确定合适的投放地点后，最后用绑扎带将固定在框上的验潮仪缓缓放入海底。投放作业在短短的一小时内便结束了，随着验潮仪鲜艳的黄色外罩逐渐沉没在海水中消失不见，压在我心里的一块石头也终于落下了。

春节前偶遇的暗淡极光，在我心里埋下了一颗种子，它破土而出，迅速地萌芽生长，繁茂的枝叶在心房摩擦，让我心里直痒痒。太阳落山的时间每天都在提前，随着黑夜渐渐拉长，我清楚地意识到，极光就要在夜空中大展风姿了。这几天刚吃过晚饭，我便早早地回到房间准备起来。相机和三脚架自不必说，保温杯里冲一杯热咖啡，就着巧克力和糖果一起塞进背包，再带上手电和对讲机，我拎着厚重的“企鹅服”到换衣间里忙碌起来。准备就绪推开门的一刹那，寒风嗖地从面罩和领口钻进身体里，给了我一个下马威。因为站区有灯光的影响，我必须走到开阔的野外，让肉眼适应了黑暗的环境后，再开始在夜空中寻找极光的踪影。

和第一次见到极光时的场景不同，此时的极光已经不再是犹抱琵琶半遮面的娇羞姿态，而开始以各种形状和色彩在夜空中展露身姿，大大方方地在夜空里跳起了舞。绿色、红色，还有紫色的极光在眼前闪耀着光芒，并随着时间的流逝在夜空中慢慢变化着形状，犹如一幅巨大的水彩画卷在眼前徐徐展开。极光舞动间，藏在我心里的大树早已繁育成了浩瀚的森林，根深叶茂，耸入云天。我激动得热泪盈眶，呆呆地躺在雪地上，将对讲机拿到嘴边，试图在脑海里寻找到合适的词汇，向大家形容此情此景，但思考了一阵之后，却只能大喊几声“极光爆发！极光爆发！快出来看极光！”

接下来的几天，夜里的中山站周边到处闪烁着手电筒的光芒，呼啸的风声中，夹杂着从对讲机里爆发出的阵阵惊叹。面对神奇壮观的极光，大家兴致高涨，三五成群地在雪地里、山坡上，或在观测栋的楼顶观赏和拍摄，在寒风中一待就是几个小时。极光在夜空中恣意舞动，我们却乐此不疲地在地上冻得直哆嗦，返回站区摘下面罩，每个人脸上都冻得通红，却仍然沉浸在高涨的热情中。直到一场持续一周的阴雪天气来临，整个夜空被密布的乌云遮蔽，大家这才暂时罢休。在经历极光强烈的感官冲击后，我甚至开始期待着极夜的到来，因为到那时黑夜将成倍地拉长，留给极光表现的机会将大幅增加。

从新闻上得知，在 4 月 4 日，一场罕见的月全食景观将在全球很多区域上演，而拉斯曼丘陵地区正处于这次月全食的可见范围内，这让我异常兴奋。沈辉是站上的气象员，我们叫他小灰灰，餐厅公告板上的天气预报就是由他负责每天更新的。我开始频繁地往他办公室跑，跟他咨询当天的天气情况，他不紧不慢地一边更新云图一边分析，说晴天的概率很大，但也不敢保证。我正准备将他嘲讽一番，可话没说完便被他轰出了办公室。

当天，我早早地来到了拍摄的地点，天气的确跟小灰灰预报的一样，整体晴朗，只有一些低沉的浮云挂在北面的天际线上，并不会对月食的拍摄造成影响。在等待夜幕降临的时候，我将相机镜头拉到长焦端，对着远处夕阳下的冰山按下快门，却无意中发现了一个奇怪的现象——视线尽头，有几座冰山并不是漂浮在海面上，而是漂浮在空气里！因为相机屏幕的放大倍数有限，月亮也即将升起，我没有多想，马上将相机固定在三脚架上，准备拍摄月食。

冰山上的月全食

不久，一轮残月从冰山上升起，就跟平时见着的月牙儿一样，并没有什么特殊的地方，然而仔细观察便会发现，它在缓慢爬升的过程中，体型在逐渐地变大！准确来说，那并不是变大，而是月亮开始从地球的影子里挣脱，在逐渐恢复自己原来的形状而已。在固

远处“漂浮”的冰山，其实是海市蜃楼！

定拍摄的近两个小时的时间里，月亮从相机取景框里的右下角开始，沿着对角线一直爬升，并逐渐复原，直到最后超出了取景框的范围。我扛着相机跑回办公室的时候，已经冻得说不出话了，但还是激动地将刚才拍到的月食的过程，通过简单的叠加处理显示在了同一张照片上，并迫不及待地发到了自己的朋友圈和微博上。蜂拥而至的转发、评论和点赞，让我得意洋洋地沉浸在骄傲和满足中。后来才知道，月食前被我拍到的“漂浮”的冰山，竟然是大名鼎鼎的海市蜃楼！

我们曾多次听到这样一种说法——如果这个世界上有哪个地方率先实现了共产主义，那一定是在南极。不做解释的话，任何第一次听到这个说法的人想必都会一头雾水，不知道其中的缘由。随着在南极待的日子越来越长，我开始逐渐明白这句话的意思，并对老队员们生动的归纳能力表示佩服。自从人类发现并踏上南极大陆以来，曾经有一些捷足先登的国家对南极提出了领土主张，并一度以南极点为中心向四周辐射，划分出若干扇形区域，作为自己主张的领土范围，这不可避免地衍生出一些摩擦和纠纷。这种局面，直到1959年各国签订了《南极条约》才结束。《南极条约》冻结了所有国家对南极提出的领土主张，允许各国在南极进行科学研究，并规定了各国在南极洲的活动仅用于和平目的，从法律上要求各国考察站在南极和睦相处。目前，已经有超过70座各个国家的科学考察站林立在南极大陆上。

另一方面，从我个人的经历和体验来讲，尽管南极是个自然环境极其恶劣的地方，但是在和我们的邻居——进步站和巴拉提站的几次相处过程中，我发现虽然国籍和信仰不同，但大家在互相尊重的基础上互相交流和沟通，除了工作上的互相协助之外，还逐渐建立起了深厚的友谊。进步站曾在他们站区搭建了一个简易的迷你足

在进步站举办的足球赛

球场，邀请我们参加足球赛，我们也组织了篮球赛和乒乓球赛，邀请进步站和巴拉提站参加。遇上特殊的日子，比如 4 月 12 日，俄罗斯为了纪念人类历史上第一位进入太空的宇航员所设立的“加加林日”，5 月 9 日，俄罗斯的卫国战争胜利日，我们都会收到热情的邀请，前往进步站聚餐，温暖的节日氛围让我们暂时忘记了窗外的寒冷。

仔细想想，不同国家的南极科考站之间相处得其乐融融，其实是各种条件客观作用下的结果。首先，各国选派到考察站的科考队员受教育程度相对较高，大家都有着放下偏见、与人和睦的基本觉悟；其次，南极孤立无援的艰苦环境，让大家都明白抱团取暖、互相帮助的重要性；最后一点有些感性，因为在荒无人烟的南极，大家可以说是同生死、共患难的兄弟，是感情共同体。站与站之间都没有围墙和栅栏，甚至连大门都不会锁，用老崔的话讲：“在南极，推门进来都是客。”

白昼受到黑夜的压缩变得越来越短，我们只能趁着正午还算充分的日照条件下外出工作，并尽量赶在太阳落山前收工。等到 5 月中旬，夕阳的余晖还未在地平线上消失，极光就已经在夜空中登场，迫不及待地在中山站上空表演起来。

在中山站举办的中、俄、印友谊篮球赛

我们都在被动地等待着那个日子——5 月 24 日的到来。这一天，拉斯曼丘陵地区将正式进入极夜，太阳将一头钻进地平线以下不再升起，开始它长达两个月的蛰伏期。23 日这天，位于上海的中国极地研究中心的极地展览馆里迎来了一批前来参观的小朋友和家长，我们在会议室里配合展览馆进行视频连线。不知不觉在南极待了小半年后，能再次见到一张张鲜活的面孔，感受到现场热闹的气氛，一股暖流赶在极夜来临前注入了大家的心里。

“加加林日”在进步站聚餐

熬夜拍摄极光的我一觉睡到了正中午，拉开窗帘却并没有发现有什么异样。和前些天一样，外面光线很暗，只有地平线附近有些暗淡的光，那是太阳在地面下投射过来的余晖。今天是正式进入极夜的日子，可这时我才发现，在这一个多月以来，自己就像泡在温水里的青蛙，已经渐渐熟悉了这夜长昼短的环境，而所谓“正式进入极夜”，也并没有什么泾渭分明的变化。就这样，极夜降临了。

5 月 24 日，进入极夜的第一天，正午时分海冰上的景象

极夜后的第一缕阳光

05
漫 漫 极 夜

漫漫极夜

细小的雪粒被不断呼啸着的狂风卷起，拍打在“坦克”车坚硬的钢铁车身上，发出连续的“呲呲”声。后车与我们保持着十几米的距离，但透过浓密的风吹雪只能隐约地看到一个模糊的车影，在影子的两侧，两只大灯正吃力地穿透前方的风雪。我坐在车队最前面一辆雪地车的露天车厢里，努力端着相机保持平衡，记录正发生在眼前这片冰雪大地里不可思议的一幕。

几辆散发着浓厚年代感的坦克车排成一列纵队，在风雪中轰鸣着推进，渐渐将进步站的黄色建筑甩在身后。这些功勋卓著的坦克车在南极服役的历史，可以追溯到上个世纪，甚至是苏联时代。它们棱角分明、张牙舞爪，给人强烈的力量感。虽然最近被重新喷过漆，但却隐藏不住被岁月磨砺的痕迹，在如今我们熟知的型号繁多的现代化雪地车里，这些老爷车们显得格格不入。

为了让今天的活动更具有仪式感，进步站的俄罗斯朋友们特意出动了这几辆老古董，组成了一支浩浩荡荡的坦克车队，这在进入极夜后的南极大陆来说，实在是难得一见、热闹非凡的大场面。

“中山中山，我们五分钟后抵达站区。”我掏出对讲机用力喊道。

“收到收到，我们已经准备完毕。”对讲机那头通讯员老李回答。

车队在抵达中山站区后逐渐放慢了速度，早早守候在综合楼门外的队友们在车子停稳后围拢过来，与从车厢里钻出来的俄罗斯朋友们逐个地热情拥抱。温暖的问候被咆哮的风雪压缩，队友们随即将准备好的礼物——几箱啤酒和饮料搬进了坦克车厢，在对讲机里确认所有人都上车后，车队在轰隆的引擎声中调头向进步站开去。

进步站的坦克车队，这可以算得上是拉斯曼丘陵地区最高规格的款待

通讯员老李靠在我旁边，操着一口河南口音说：“恁单位发过来电报，俺给你贴上边啦！”几天前餐厅的公告栏上开始陆续地张贴落款为队友们各自单位的慰问电报，我也自然期待着从学校实验室发来的电报，并不安地祈祷他们千万别搞忘了。我咧着嘴，凑到老李耳边得意地喊道——“中！”

今天是北半球的夏至，对此刻身处南极大陆的我们来说，却是一年中最重要的大日子——仲冬节。这一天，太阳在地平线以下运动到最低点，也就是说，从今天开始，太阳将逐渐向地平线靠近，直到极夜结束，重新出现在地平线以上。在黑暗中度过了一个月后，仲冬节对所有的考察队员来说，意味着极夜过半，最黑暗、最艰难的日子已经过去，光明指日可待。在没有原住民的南极大陆，这是各国南极科考队员们的专属节日。

我与进步站的朋友们在坦克车前合影

在前一次的两站交流会上，受进步站的热情邀请，我们决定一同在进步站庆祝仲冬节。这次兴师动众的游行车队，无疑是东南极大陆拉斯曼丘陵地区最高规格的款待。浩浩荡荡的坦克车纵队，像极了国内常见的迎亲车队，而坐在最前面雪地车的露天车厢里的我，成了记录这场另类“婚礼”的摄影师。

窗外天色黯淡，狂风的嘶吼穿透玻璃进入耳朵。精心装饰过的进步站餐厅里，洋溢着浓厚的节日气息。翻译 Tolyo 指着眼前丰盛

进步站的考察队队员拉起手风琴，唱起了《莫斯科郊外的晚上》

的食物告诉我，他们的大厨为了准备今天的菜肴费尽了心思。两位站长在餐前分别致辞，考察队队员们相互祝酒，欢声笑语中，此起彼伏的“干杯”声回荡在热闹的房间里。在这片荒凉的冰雪之中，我们就像抱团取暖的企鹅，在黑暗的雪夜里紧紧依偎。玩游戏的时候，进步站准备了一些企鹅形状的冰箱贴作为奖品，却被我们发现竟然是熟悉的 QQ 形象，连腾讯公司的 LOGO 都还保留在上面，这

中山站广场上的国旗被狂风撕裂，只剩下一颗孤零零的五角星

让我们几个年轻人忍不住傻笑起来，并给这些俄罗斯朋友们强行科普了一番。

当节日的狂欢结束，临走的时候俄罗斯大厨在门口将我一把拉住，递过来一只塑料袋，我喝得满脸通红，瞪大眼睛不解地盯着他。他用蹩脚的英语解释说，听说老吴还在发电栋值班，这是给他打包的食物。我瞬间被眼前这个胡子拉碴的男人的细心周到感动了，在狂风中大声喊了一句“Thank you !”，便转身爬进了雪地车的车厢里。

下午 3 点的拉斯曼丘陵被黑暗彻底吞噬，星光下的这片大陆，显得原始而狂野。自从进入极夜以来，大家的生活节奏明显变慢了很多。因为持续的黑暗和频发的恶劣天气，除了执行少数必须外出的任务，我们的活动范围几乎被局限在了宿舍楼和综合楼这两栋建筑里。因为提前做好了充足的准备，我们并没有碰到诸如水电故障等头疼的问题，大家在常规的工作之余，各自享受着这被遗忘在世界角落的时间。

木工房里经常传来嘈杂的“沙沙”声，那是锉刀和砂纸在木头上打磨时发出的声音，站区废弃的木料在水暖工老王的手下变成了一只只栩栩如生的企鹅。在老王的鼓动下，老崔和老李也加入了雕刻小队，从最开始简单的木葫芦，再到后来复杂的企鹅和海豹，他们总是得意地拿着自己的作品在我们面前炫耀。气象员陈峰云是个安静的阅读者，总是迈着轻盈的脚步，抱着 Kindle 电子书出现在办公室或者宿舍里。王医生也是个读书之人，尤其痴迷军事刊物，经常在饭桌上激情澎湃地为我们讲解全球军事动态。陈大厨的宿舍里烟雾弥漫，电脑音箱里不停地传来斗地主的游戏音效，偶尔他会拿起对讲机高声呼叫老李，狠狠抱怨慢如蜗牛的网速——这是他走出油腻的厨房之外最轻松惬意的时刻。我和负责 UAP（“高空大气物理”的英文简称）的刘杨、郭兴，是站上仅有的三个博士生，即使闲下来我们仨却也不敢玩耍得太任性，读论文、写程序、算数据，是我们工作之外的工作。

虽然没说出口，但我们都清楚，老崔一直都在为队员们的心理健康状况紧绷着神经。中山站的文体活动组织了一波又一波，往往乒乓球赛刚刚结束，台球赛又立即上马；刚刚举办完羽毛球赛的颁奖礼，趣味篮球赛的奖状又在紧张地制作中。老李五十多岁，个子瘦小，是个典型的小老头，令我们没想到的是，他却是个隐藏的练家子，包揽各种奖项。我和他曾在台球决赛时相遇，他甚至得意地向我叫嚣——“俺在单位拿奖的时候你还没出生呢！”不仅如此，得奖后的他经常闯入我的办公室，逼迫我在他的“建议”下修改奖状，用他的话来讲，“反正都是给俺准备的”。除此之外，老崔曾数次要求我们别反锁房门，自己还带头不关门睡觉。我们当然明白老崔的良苦用心，也就自然都很配合。

零星散布在南极大陆上的考察站，是这片广袤大陆上最温暖的存在。无论外面的温度是零下几十摄氏度，先进的供暖系统使中山站精确地保持着二十四摄氏度的温度。我们囿于极夜，仿佛窗外冰冷的世界与自己无关，而网络却让我们得以和万里之外的家人保持联系。相比若干年前的考察队前辈们想念亲人却不得见的苦闷，发达的通信技术使我们免受了思念的折磨，也大大减轻了我们与世

进步站的考察队员在我们的会议室里上网

隔绝的孤独感。热点新闻不时地推送到我们的手机屏幕上，微信和QQ提示音不绝于耳，这让我们随时都能感受到自己与这个世界的关联。虽然网速相比国内慢了不少，但在我们看来，网络通信从无到有的质的突破，其意义远大于量的飞跃。现在看来，对极夜和“越冬综合征”的恐惧显得有些多余，之前的多愁善感甚至有些矫情。

PROGR

星期天下午，几名队员前往进步站享受桑拿

三五个俄罗斯队友推开门，抖了抖衣服和靴子上的雪，在换衣间脱掉厚重的外套，熟悉地和我们打招呼。他们径直走进会议室，掏出手机或笔记本电脑，熟悉地用访客账户连上中山站的 Wi-Fi 网络，一切都那么自然。由于进步站没有开放的通信网络，所以经常有人过来中山站“蹭网”。他们第一次来的时候显得有些害羞，而当时令我印象特别深刻的是，当久未见到的家人出现在手机屏幕上，一个壮硕的大汉立马哭成了泪人。

早就听说北欧人嗜桑拿如命，狂热的俄罗斯人干脆把桑拿房建到了南极。也许是对经常在我们这蹭网感到有些亏欠，出于礼尚往来，他们将桑拿房每周日下午的使用权交给了我们，用站长安德烈的话来说，“It’s Zhonshan time!”刚开始我们都有些怪不好意思的，熟悉了之后也就不客气了。每到周日的下午，我们都会去享受一次地道的俄式桑拿。两座考察站分别成了王医生口中的“中山网络会所”和“进步洗浴中心”，拉斯曼丘陵地区的第三产业正在逐渐壮大，蓬勃发展。

烦心事还是难免会碰到的。在一次例行的站区巡视中，一个装有食品的冷藏集装箱被发现电路故障，而当我们打开箱门准备检查的时候，一股刺激的酸臭味立马把人逼退回来。借着手电筒的光，老崔看了一眼里面的情况，愣住了说：“完了。”集装箱里存放的白菜、萝卜、土豆等蔬菜大面积地腐烂掉了，地板上腐烂的汁水在低温下结成了一层黄绿色的冰。这意味着，我们将比计划的提前过上没有稳定的新鲜蔬菜供应的日子。虽说中山站有个羡煞俄罗斯人和印度人的温室，利用无土栽培的技术种植着生菜、香菜，甚至西瓜等蔬果，但因为还处于试验初期，产量少得可怜，一周也只能供我们吃上两顿。

稳定好情绪，我们戴上口罩，轮流进入充满恶臭的集装箱内，把一些看起来还没有烂透的蔬菜给“救”出来，然后在仓库里剔出还能吃的部分。原本脸盆大小的圆白菜，外层的叶子几乎全烂掉了，只剩下最里面手掌大小的菜心勉强没坏。看着原本好几筐白菜最后被匀成了一筐，大家心里特别难受。除了蔬菜，还有一些食物也会随着时间的推移“主动”坏掉。例如，方便面的保质期普遍为六个月，此时却已经陪伴着我们在南极度过了大半年的时光，它们的生命已被时间悄无声息地带走。很难想象，在如今高度发达的现代社会，南极因为其特殊的地理位置，原始的食物危机在这儿依然肆虐。

我负责的卫星观测栋位于站区边缘的天鹅岭上，在不出现意外的情况下，通过局域网我就能在综合楼的办公室里对里面的设备进行远程观测和操控。可这里是南极，没有意外才算得上是意外。变化莫测的恶劣天气不停地给设备的正常运转制造麻烦，例如强风曾在夜里把观测栋的阻尼门吹开一条小缝，里面的设备因为失温而自动关机，直到第二天早上才被我发现；固定在户外的通信设备在狂

冒着风雪前往野外观测的队友

风暴雪中也会偶尔罢工，使远程监测无法进行等。遇到这些情况，我只能硬着头皮，冒着风雪前往观测栋排查故障，一公里的雪地，来回得走上一个小时。我最不愿意见到的事情，就是科研设备在自己的任内出现故障，珍贵的连续观测数据中断在自己的手里。

狂风卷雪，在地势起伏的地方堆积成一道道雪坝，脚刚踏上去就跟踩空了似的，整个人立马陷进齐腰深的积雪中，手脚无法受力，是真正的寸步难行，而仅仅翻越一道雪坝就得使上浑身的力气。除此之外，因为观测栋里的油汀等用电设备二十四小时不间断地运转，我还得时刻警惕着发生火灾。要知道，在干燥且风大的南极，一旦发生火情，就很有可能造成灾难性的后果。进步站的一栋主体建筑，就曾因为几年前的一场大火毁于一旦。不夸张地说，每次遇到站区刮大风，包括我在内的几个观测栋的负责人连觉都睡不安稳。

风呼啸着穿过拉斯曼丘陵的每一个角落，努力地寻找着自己的归宿。黑暗遮蔽了它的双眼，它却似乎不会善罢甘休。旗杆上的五星红旗，在它喜怒无常的触摸下遭受切肤之痛，每隔一段时间就只剩下一颗孤零零的大星星，这时我们便会从仓库里拿出一面新旗帜换上。风力变强的时候，人走在室外仿佛被一只无形的大手推搡着前进，感觉身体随时都会离开地面。胆子够大的话，背对着风口，甚至可以持续地倾斜身体，稳稳地“躺”在风上，就像迈克尔·杰克逊那经典的反重力表演。极夜期间，我们遭遇过的最高风速一度达到了 38 m/s，相当于 13 级强台风的风力。那天夜里，房顶传来巨大的声响，经久不息。我躺在宿舍的床上，不祥的念头在脑海闪过，安全感极度匮乏的我甚至不敢闭上眼睛。

一天中午，我和老李驾驶一辆雪地摩托，往西南高地开去。伴随着引擎一阵急促的轰鸣和抖动，我们翻过一座陡峭的雪坡，眼前出现了一个巨大的白色球体。这座由数十块预制的特殊钢板拼接而

一场暴风雪过后，老李在清理通信卫星球顶的积雪

成的球形建筑像极了一个超大号的足球，里面放置着中山站的卫星通信设备。每隔几天，老李都要前来将穹顶上的积雪清理掉，以免对天线接收卫星信号造成干扰。一根粗壮的缆绳从球顶上延伸至地面，我和老李将其一把拽住，然后吃力地左右摇动起来，球顶的积雪随之哗啦啦地掉落，在坠落到地面之前卷入了茫茫风雪中。

清理完毕，老李载着我返回站区，我不经意间发现前方的天空似乎有点不同寻常，于是拍了拍老李的肩膀，示意他停车。还没等我们反应过来，瞬间万丈光芒从天边喷薄而出，一团刺眼的火焰缓缓地从地平线上冒了出来。

“升起来了！？”老李愣住了，感叹里带着一丝疑问。

“嗯！”我激动但坚定地回答，“真漂亮！”

我们往回退了几十米，想尽量站得高一些。此刻的我意识到，自己还从来没有像现在这样期待过一次日出。不一会儿，阳光渐渐变强，最先是远处的冰山被浸染成一片橙色，不久后整个拉斯曼丘陵都披上了一层久违的金色外衣。

“噢！下午去洗个桑拿，干干净净、舒舒服服地，迎接俺的新生活。”老李发动雪地摩托，催促着我上车。

综合楼旁升起腾腾热气，一辆 PB 300 雪地车发动引擎，机械师姚旭熟练地操控着车头巨大的液压雪铲，将站区主干道上的积雪推到道路两侧。我和老李骑着摩托停在他旁边，并示意他转身往东面看。

和之前所有的星期一到星期六一样，这是中山站又一个平凡的星期天。

温柔的拉斯曼丘陵之夜

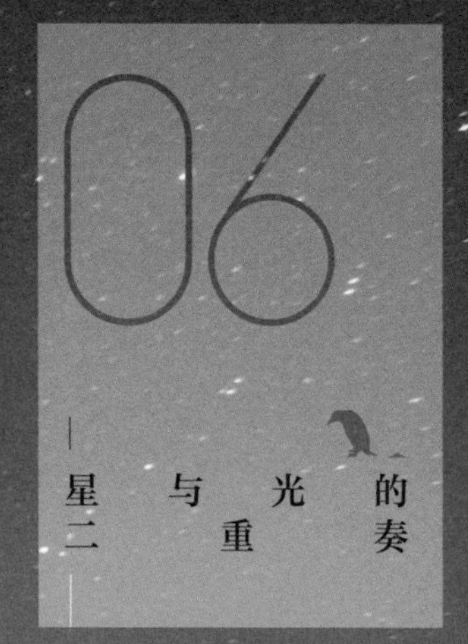

06 星与光的二重奏

星与光的二重奏

“在你无比巨大的躯干上，我小心地彳亍，你认识我，我熟悉你。冷夜里，安于现状的你我，不忍心打破彼此的默契，都没有作声。迎面而来的风是你的发，一定要拂过我的身体；我停下来整理装备，在你的掌心画出下一个脚印。”这是一封写给拉斯曼丘陵的情书，我取名叫做“拉斯曼丘陵之夜”。

我鼓起勇气，推开综合楼的大门，走出站区灯光所及的范围，投入黑暗的怀抱。狂风迎面袭来，夹着雪粒儿钻进领口。我把自己裹得严严实实，在手电光的照射下，深一脚浅一脚地踩在雪地里。当眼睛渐渐适应黑暗，令人惊叹的情景才刚刚上演。一卷巨大的画布在夜空中缓缓舒展开来，头顶仿佛是一幅搁笔没多久的山水画，水墨还未干透，慢慢地在宣纸上显露出优雅的轮廓和绚丽的色彩。自从第一次亲眼看见并拍摄到极光以来，我跟着了魔一样，开始疯狂地追逐它的踪影。拉斯曼丘陵的雪地里，到处散落着我的脚印。

因为极光是随着时间发生变化的，这种变化不仅体现在形态，还体现在颜色和强度上，这为她本就足以令人惊奇和着迷的特性更增添了一丝捉摸不定的神秘感，因为你永远也不知道极光在下一秒会变成什么样子。最开始用相机拍摄到极光，我被她的美丽和壮观所深深震撼，兴奋过度而导致的亢奋，驱使着我不知疲倦地在黑暗和寒冷中拍摄。数不清的夜晚，一台相机，一个三脚架，一只手电，一部对讲机和一副耳塞，是支撑着我翻山越岭的全部。

在我们看来，极光是令人惊叹的奇观，对刘杨来说却不止于此，因为极光还是他的研究对象。面对漫天飞舞的绚丽极光，除了感性驱使着内心掀起波澜，他还必须保持另一面理性的心态。他曾经给大伙详细地讲过极光的产生原理，简单地概括起来就是：宇宙中大量的高能粒子闯入地球的大气层，在磁场的作用下与高层大气中的分子或原子发生碰撞，反应后产生的能量最后以光的形式释放，便

形成了我们在地面上看到的极光。由于参与反应的大气粒子种类不同，以及发生反应时所处的高度各异——从距离地面几十公里到数百公里不等，导致极光呈现出不同的颜色和形态。

中山站所在的拉斯曼丘陵地区，刚好位于南半球的极光卵——极光最经常出现的区域，因此是世界上观测极光的最佳场所之一。毫不夸张地说，若想在中山站欣赏极光，你要做的，只需找一个晴朗的夜晚，鼓起勇气推开站区的大门。极光几乎无时无刻不在我们头顶出现，甚至是在日不落的极昼。只不过强烈的日光会吞没极光

站区绿色极光拱桥

的光芒，这就跟我们虽然在白天看不见星星，然而星星却一直真实存在于我们头顶是一样的道理。每每想到曼妙的极光舞姿被阳光无情地淹没，心中难免涌上一股悲悯之情。

南极大陆因为远离城市的光污染，拥有世界上最纯净的星空。当眼睛适应了黑暗，满天的星光甚至可以称得上耀眼。抬头仰望，银河躲在极光的背后忽明忽暗，这让我想起了记忆中的童年暑假，只有在奶奶家的院子里才能见到的会眨眼的星星。遥远的星球在空旷的宇宙中燃烧着自己，光芒穿越亿万光年到达地球，城市里的人

们却陶醉于霓虹之中不得见，这对此时的我们来说，是一种多么平凡却奢侈的享受。此时的我和队友们远离祖国和亲人，忍受着与世隔绝的孤独，也压抑着对家和亲人的思念之情。可当我们站在广袤的星空下，当极光在眼前起舞，顿时心中再多的愁绪也会清空，留下的只有对自然的敬畏和内心的释然。大自然是公平的，它创造了我们身处的绝境，却也创造了奇观为我们送来慰藉，抚平我们心中的创伤。

极光下的三座考察站合影
（注：地面上的光亮，从左至右依次为中山站、进步站和巴拉提站）

我曾一度怀疑相机在低温环境中的可靠性，结果却好过预期，只有在温度低至零下三十多摄氏度时，机械快门会出现明显的顿挫感，按下去发出咯吱的声音。几个月的拍摄使我对相机的每一个按钮都了如指掌，即使在黑暗中戴着厚厚的皮手套，我也可以准确地调整照片的参数，遇到对焦或是需要精细操作的时候，我只能不情愿地摘下手套。有一次，当我摘掉手套进行调整，一只手不经意间扶在了三脚架的金属杆上，当刺骨的寒冷从手掌传来，我下意识地

我坐在站区的雪堆上，头顶是满天星斗

将手抽离，手却在仿佛粘在了上面，撕扯引发了剧烈的疼痛，回到宿舍才发现手上被扯掉了一块皮。然而，在拍摄时最令我头疼的是，每次构图的时候需要将眼睛凑到相机的取景器上观察调整，这时鼻腔里呼出的热气会在相机的屏幕上迅速冷却，结成一层冰雾，还有一部分则反射回来，凝结在了我的眼镜镜片上。为此，我不得不更频繁地摘掉手套，用手指在相机屏幕和眼镜上来回摩擦，用体温将镜面上结的冰融化。

到了阴雪天，再深邃的星空和绚丽的极光也会因为云层的遮蔽而消失不见，而一旦遇到持续多日的阴雪天，我就像被困在牢笼里一样，一时之间感到无所适从。另一方面，每次农历月中前后，月亮接近满月的状态，极光和星光都会被皎洁的月光冲淡，这很大程度上影响了观赏和拍摄。但有些时候，强烈爆发的极光甚至可以抢占满月的风头，重新成为夜空中最亮眼的主角。

一开始，大家经常结伴出来拍极光，一帮子人蹲在雪地里一边拍摄，一边聊天、呼喊、感慨，最热闹的时候多达十几个人，深夜的越冬宿舍楼里变得空空荡荡。随着时间的推移，能够坚持冒着寒风外出的人变得越来越少。一天夜里，赶上极光爆发，我兴奋地用对讲机呼叫队友出来拍摄，不久后对讲机里传来了疑问——“啥颜色啊？是彩色的吗？”“绿色的。”我回答。“哦，我考虑一下。”多少人因为想一睹极光的风采而不惜付出高昂的旅行费用，而在中

我站在考察队的集装箱上仰望星空

山站，极光不请自来，大家对极光也早已是见怪不怪，以至于单色极光都开始让队友提不起出门拍摄的兴趣了。

到后来，绿的、红的、紫的、彩色的，带状的、片状的、拱形的，几乎各式各样的极光都被我拍了个遍，我开始在拍摄技巧上花心思。为了表现极光大范围爆发时的震撼效果，我采用拼接合成的方式，将多张连续拍摄的照片制作成全景图。有时候在全景拼接形成的地方会出现一些不能完全吻合的瑕疵，那是因为在拍摄的过程中极光正在激烈地发生变化。

强烈的极光恣意舞动，完全不把月亮放在眼里

为了让照片看上去显得更有生气，我也会自己充当模特，出现在照片里合适的地方。这时我会利用相机的延迟拍摄功能，在按下快门曝光前，将有十秒钟的反应时间，这时我需要快速地跑向预定的地点，并在随后几十秒的长时间曝光内保持静止，否则会在照片上留下晃动的虚影。为了达到满意的效果，我需要不断地来回跑动，几个来回折腾下来已经是气喘吁吁。

当极光下的中山站反复出现在我的照片里，我便开始将目光投向了邻居进步站。一时间，经常有俄罗斯队友和我一起拍极光，而

中山站废弃的油罐，被以前的考察队员涂上了京剧脸谱的图案，
它们静静地躺在雪地里，绚丽的极光从天而降

两国考察队员在进步站区与极光合影

一些没有带相机的俄罗斯朋友，则会直接让我帮他们与极光合影。久而久之，极光下的进步站也成为我照片里的常客，我萌生了一个大胆的想法。在靠近内陆冰盖的丘陵里，有一座无人值守的考察营地——劳基地（Law Base），是三十多年前由澳大利亚人在此建成的。很自然地，当中山站和进步站周边我都已经拍腻了，而八公里外的巴拉提站又与我们隔着一片狭长且危险的海域，我决定前往劳基地碰碰运气。

我偷偷地去了两次，因为自己孤身一人，心中始终有些顾虑而没敢走得太远，最后都没能找到劳基地，只能失望地返回。不久后的一天，Tolyo 和他的几个队友到中山站来“蹭网”，我和他闲聊的时候提到了两次铩羽而归的经历，却没想到激发了他极大的兴趣，我俩一拍即合，决定找机会一起前往寻找劳基地。出于盲目的自信，也为了不惊动其他队友，我俩都没有带上 GPS，却万万没想到这个我们在白天曾去过好几次的地方，到了夜晚竟变得这么不好找。

黑暗中，我们吃力地爬上一座座雪坡，又小心地从高处往下滑，两个多小时后我们的脚步开始变得沉重起来，在面罩的压迫下吃力地大口喘气。因为我还扛着相

机和三脚架，Tolyo 为了照顾我的体力，一直跑在我前面探路。我猛地抬起头，却忽然发现他头灯的光芒已经消失在了视线中，不由得心里一紧，惊慌失措地呼喊他的名字，然而呼喊并没有起到作用，很快就淹没在了咆哮的风声里。

几分钟后，当Tolyo再次出现在视线里，他的头灯已经快没电了。我们审慎地考虑了当前的状况，简单地交流后，决定放弃寻找劳基地立即往回撤。然而问题马上来了，哪里才是回去的方向？除了没

劳基地旁极光海豚

有找到劳基地以外，我们还不得不承认一个事实——我们迷路了！他的头灯这时已经因为没电而熄灭，而我的手电的照射范围也正变得越来越小，最后只能勉强点亮前方大约两米的范围。我这才意识到，前两次的搜寻过后，我竟然忘了给手电充电！尽管我和 Tolyo 都在尽力地克制心中的恐惧，但借着微弱的手电灯光，两人的脸上都写满了紧张和恐惧。

耳边嘶吼的狂风似乎越刮越大，渐渐吹透了面罩，我能明显感觉鼻梁和脸部的肌肉开始变得僵硬起来。呼出的热气被迎面刮来的风吹在眼镜镜片上凝结成冰，让脚下的路更难看清，我不得不频繁地摘下手套，用手指不断地擦拭镜片。顺着仅剩的手电光往回看，四排脚印在黑暗中渐渐消失。

就在我们即将筋疲力尽的时候，Tolyo 突然在我前面的一个山坡上欢呼起来。原来从这里能望见远处进步站区的信号灯塔，这也终于给我们返回的路途指明了方向！顺着灯塔的方向仔细观察，进步站和中山站区的灯光也逐渐在视野里变得清晰起来。顿时，弥漫在心里的恐惧一扫而光，疲惫的身体仿佛一下子充满了前进的动力。在我们面前，绿色和紫色的极光正在夜空中恣意地绽放光彩，此时的我们却没有驻足欣赏的雅兴，在简单地拍了几张照片后，我们便匆匆地踏上了返程的路。

回到宿舍已是深夜，回想这劫后重生般的经历，一边心有余悸，一边抱着枕头忍不住傻笑起来。后来得知，我们曾绕着劳基地转了好几圈，而劳基地一直就在我们旁边百十来米的地方，因为灯光的照射范围有限，我们一次次地与它错过。奇妙地是，我在当天拍摄的一张全景照片中，意外地发现了巴拉提站的灯光，这应该是至今为止拉斯曼丘陵地区的三个考察站的第一次“合影”。

在繁星和极光交织演绎的二重奏里，有一些令我永远都不会忘记的神奇时刻。一天深夜，正当我准备收拾相机返回宿舍，极光仿佛化作一条散发着绿色光芒的鲸鱼，摇摆着她巨大的身躯，在中山站上空缓慢地游动，尾巴拍打着溅起巨大的浪花，汇入到璀璨的银河里。这头绿鲸正温柔地亲吻着考察队的宿舍，是不是正和我的同事们在梦里嬉戏？我被这景象震撼到无以言表，整个人似乎傻掉了一样，站在寒风中任凭眼泪哗哗地流。多少次，当我给家人和朋友们发过去极光和星空的照片，激动不已地向他们诉说大自然的美丽，可我却总觉得没办法确切地表述，只恨不得将他们拉到浩瀚的星空下，陪我一起感受这份震撼。

后来，我已经不满足于将极光和星空定格在静止的照片里，开始利用连续拍摄的方式制作星轨照片或延时视频。在一次拍摄延时视频的过程中，因为在外面待的时间太长，导致手套被彻底冻透，按快门的手指开始渐渐失去知觉，意识到问题的严重性后，我发疯似地往回跑，一边奔跑一边用力搓着手指，并祈祷截肢的悲剧千万别在我身上发生。后来我索性提前设置好了相机参数，利用快门线让相机自动拍摄，自己则可以坐在温暖的餐厅里喝着咖啡，看着电影，等到了预定的时间再出去把相机取回来。

一天夜里，我把相机放置在综合楼门外拍摄，自己则坐在餐厅的电视前看《绝命毒师》。老谋深算的主角老白（Walter White）为了逃避制裁而费尽周折，最终却因为一本诗集功亏一篑，诗集里的一首诗吸引了我的注意：

When I Heard the Learn'd Astronomer（Walt Whitman）

When I heard the learn'd astronomer,

When the proofs, the figures, were ranged in columns before me,

When I was shown the charts and diagrams, to add, to divide, and measure them,

When I sitting heard the astronomer where he lectured with much applause in the lecture–room,

How soon unaccountable I became tired and sick,

Till rising and gliding out I wander'd off by myself,

In the mystical moist night–air, and from time to time,

Look'd up in perfect silence at the stars.

这是19世纪的美国诗人Walt Whitman的浪漫主义诗集《草叶集》（Leaves of Grass）中的一首，翻译成中文大意如下：

一堂天文课

沃尔特·惠特曼（罗良功 译）

当我听那位博学的天文学家的讲座时，

当那些证明、数据一栏一栏地排列在我眼前时，

当那些表格、图解展现在我眼前要我去加、去减、去测定时，

当我坐在报告厅听着那位天文学家演讲、听着响起一阵阵掌声时，

很快地我竟莫名其妙地厌倦起来，

于是我站了起来悄悄地溜了出去，

在神秘而潮湿的夜风中，一遍又一遍，

静静地仰望星空。

我对这首一百多年前的诗产生了强烈的共鸣——当头顶繁星和极光，我已然没有心情去追求它们背后的科学涵义，把时间过多地花在这上面只会令人觉得乏味，而只有将身心交出去，在无限的自然里神游、穿梭，似乎才是唯一正确的选择。

对我而言，在枯燥和单调的工作之余，拍摄星空和极光成了我最大的消遣。尤其是在极夜期间，黑夜持续的时间被成倍地拉长，为我的拍摄创造了更多的机会。

当广袤的冰原暴露在璀璨的繁星和绚烂的极光下，我可以用各种姿势欣赏这份只属于我一个人的奇幻景象——坐在雪地里，或者干脆平躺着，甚至肆意打滚，在天地间大声地尖叫、呼喊，没有任何束缚。头一次地，我深深地感受到自然的力量，也第一次发现一个人竟然可以自由得这么纯粹，不论是身体还是心灵。

因为地球的自转，在地面上看起来，仿佛星星在绕着天极做圆周运动。
将相机固定在地面上长时间曝光，便形成了星轨

优雅的大个子

07

极 地 生 灵

队友在冰山上漫步

极地生灵

如果说日照时间逐渐拉长的缓慢程度，冲淡了走出极夜的仪式感，那么只有当动物们再次活跃在中山站附近的雪地里、海冰上，拉斯曼丘陵地区在沉寂了两个月后重新恢复生气，这时的我们才恍然明白——哦，极夜是真的过去了。我还依稀记得当自己在办公室里举着望远镜对着窗外搜索，一群阿德雷企鹅突然闯入视野时我欣喜若狂的样子。

自从极夜开始，动物们就不知道躲到哪里去了。企鹅、海豹、贼鸥，还有各种鸟类，都仿佛串通好了似的，同时消失在了我们的视线里。当太阳重新在地平线上露面，我和队友告别了“画地为牢”的生活，纷纷换好装备，漫步在冰山丛林间，享受温暖的日光浴，而那些阔别已久的南极原住民朋友们便和我们不期而遇了。

帝企鹅，光听名字就知道来头不小，个头也确实不小。成年帝企鹅的身高往往可以超过一米，是体型最大的企鹅。迎面看过去，它们健硕乃至肥大的身体看起来滑稽可笑。但如果从背面看过去就是另外一回事了——后背一身光滑的黑色羽毛，仿佛身着高级燕尾服的翩翩绅士，举手投足间透着高贵和优雅。

这些大家伙们喜欢集群生活，经常成千上万只地聚在一起，在这片狂野的冰原上抱团取暖。偏偏它们选择在寒冷的冬季繁殖，在零下四十摄氏度的环境下孵化和抚养下一代，仿佛只有这样才能证明自己南极原住民血统的纯正性。当雌性帝企鹅产完卵后，便将孵蛋的任务移交给了自己的丈夫。艰难的产卵过程将雌企鹅的体力消耗殆尽，一旦雄企鹅接过抚养后代的重任，饥肠辘辘的它们便不顾一切地向遥远的海边奔去，生存的本能支撑着它们迈出艰难的每一步。

帝企鹅幼崽紧紧地贴在成年企鹅身旁

雄企鹅将双脚并拢，小心地将企鹅蛋滚到自己的脚掌上，然后用腹部的羽毛遮盖住，用体温慢慢地孵化下一代。如果企鹅蛋不小心滚落到冰面上，或者长时间暴露在冰冷的空气中，蛋壳里的小生命就会被冻坏。而一对帝企鹅夫妇一年内只产一枚蛋，此时帝企鹅爸爸脚上的这枚蛋，是他们这一年的全部希望。

接下来的两个月里，雄性帝企鹅将在聚居地度过它们最艰难的日子。它们肩并肩以抵御寒风和暴雪，尽管冻得瑟瑟发抖，却还要保持姿势一动不动，因为稍不留意脚上的蛋就会跌落到冰冷的雪地里，粗心的雄企鹅将无颜面对归来后的妻子。它们不吃不喝，依靠消耗体内的脂肪度日，孵蛋成了它们唯一的目标。

当小企鹅们破壳而出，帝企鹅妈妈们也在大快朵颐后纷纷归来，它们在成千上万的企鹅群里准确找到自己的丈夫进行换班，从此夫妇俩共同肩负起了企鹅幼崽的养育重任。极夜过后，再见到我们熟悉的大个子朋友时，它们身边已经围绕着数不清的虎头虎脑的小家伙了。

通常，小企鹅会紧紧地依偎在大企鹅身边，把身体贴在企鹅爸爸妈妈们臃肿而温暖的肚皮上。在温暖的晴天里，小企鹅们在父母的视线里自由活动，成年企鹅也得以暂时舒缓紧张的神经，用嘴清理自己的羽毛。一时之间，小企鹅们在聚居地里上蹿下跳，叽叽喳喳的吵闹声不绝于耳。而当天气变得恶劣，成年企鹅又会像孵蛋时

当成年帝企鹅去远方的海里觅食，会将孩子交给邻居看护。这时，
企鹅幼崽的数量远大于成年企鹅的数量，整个聚居地就像一座巨大的帝企鹅幼儿园

那样，双脚托住小企鹅，再用腹部的羽毛盖住，用自己的身躯为孩子遮蔽风雪。经常有小企鹅将自己几乎整个身体都塞进大企鹅的羽毛里，远远地看过去，高大肥胖的成年帝企鹅的脚掌上，钻出一个个圆圆的小脑袋，不安分地向四处张望，让人忍俊不禁。还有的小企鹅不甘平凡，把脑袋和身体全部钻进成年企鹅的羽毛里，只向外撅着自己毛茸茸的小屁股，可爱得让人心都化了。当时机成熟，小

一只阿德雷企鹅正在雪地里撒欢

企鹅们将在父母的示范下学会游泳和捕食，那时，深邃冰冷的南大洋里将再次变得热闹非凡。

活跃在中山站周边的企鹅王国里，除了帝企鹅，还有阿德雷企鹅。这些活蹦乱跳的小个子们有着自己鲜明的处事风格——性格活泼，好奇心重，喜欢拉帮结派，更爱惹是生非。“个子大就敢称王称帝了？你搞清楚，我们才是这里真正的主人！”——在我看来，这应该是它们最真实的心声。

阿德雷企鹅应该是我们在南极野外遇见次数最多的动物了。在我们布设在野外的科研仪器周围，经常能发现它们的脚印。我们的仪器被脚印团团包围，不难想象这群小个子对这些奇形怪状的东西充满了疑惑，于是绕着圈仔细地打量。我们得时不时地到这些仪器旁边去检查，一方面是取回数据和监测仪器的工作状态，一方面就是为了防止这些好奇的小家伙们给我们添乱。有时候当我们正在野外工作，三五成群的阿德雷企鹅从大老远跑来，谨慎地向我们靠近，甚至把脑袋凑到人跟前，仿佛在监督我们工作一样。

一只阿德雷企鹅正在雪地里撒欢

冻死的帝企鹅幼崽

一望无际的白色冰原上，科考站在好奇心浓烈的阿德雷企鹅眼里，是非常具有吸引力的存在。它们成群结队地跑来站区里晃悠，对此我们早就见怪不怪了。站区度夏楼的宿舍走廊里，还挂着一幅多年以前的老照片，只见一支浩荡的企鹅队伍旁若无人在中山站区穿行，似乎正在进行一场盛大的游行示威。几只领头的家伙冲站在一旁的考察队员高声挑衅——“这是我们的地盘，让开！让开！”老实巴交的考察队员面露难色，想了想发现的确是咱们借用了人家的风水宝地，于是无言以对，只能尴尬地忍气吞声了。

一只阿德雷企鹅趴在雪地里睡着了

一台相机架被我安放在海边的岩石上自动拍摄，到了预定的时间我去将它取回来，当我走到跟前，惊奇地发现一只阿德雷企鹅竟然守在我的相机旁！比起我的“玩忽职守”，仿佛它才算得上是真正的摄影师。它转过头来发现了我，向我投来了标志性的好奇眼光。我蹲在原地，小声地和它打招呼，不管我用中文还是英文，它只是不停地晃动着脑袋。几分钟过后，它慢慢转过身去，嘴里在咕哝着什么，扑通一声钻进了海里。

一只阿德雷企鹅对我的相机产生了浓厚的兴趣

威德尔海豹幼崽在父母的悉心照料下迅速成长，
两周未见竟长成了一个小胖子

夏季的雪地里经常散落着一片片鸟类羽毛，顺着痕迹找过去，往往就能发现正处在换毛期的企鹅。这时候的它们狼狈地躲在某个阴暗（其实主要是为了避风）的角落里，过起了不吃不喝的日子，慢慢地等待着旧毛褪去，换上一身崭新的光鲜外衣。处在换毛期的企鹅，羽毛失去了防水能力，因此不能下海捕食，只能饿着肚子干巴巴地待在岸上度过漫长的几周。它们身上看起来千疮百孔，仿佛穿着破烂的流浪汉，身边褪掉的羽毛散落一地，一起的还有散发着恶臭的粪便。这应该是企鹅一辈子里最难看，也最难堪的一段忧伤日子了吧。

从 9 月份开始，成群的海豹出现在中山站附近的海冰上。即将当妈妈的威德尔海豹挺着大肚子，安静地躺在冰面上，等待着它们的大日子。不久，海冰上陆续迎来了新生命，一个个圆头圆脑的小家伙们在妈妈的怀里蠕动着，睁着它们的大眼睛，好奇地打量着眼前的这片冰雪世界。威德尔海豹和帝企鹅一样，每胎只产一仔。当冰面上的海豹妈妈用充沛的乳汁喂养孩子时，海豹爸爸也从来没有闲下来的心情。对它们来说，最大的挑战是时间。为了捕食，它们必须潜入深海，而为了守护自己的妻儿，它们还需要不时地回到冰面上来。它们用牙齿在海冰上啃噬，直到在厚达一米的冰面形成一个通道，以方便在冰面和海底进出。它们还必须每隔一段时间就重新啃噬冰面，否则海水会因为低温而再次凝结。海冰上的一个个冰洞，成了它们守护家人和领海的门户。频繁地在坚硬的海冰上啃噬，它们的嘴唇破裂，染红了海水和冰面，锋利的牙齿不再，甚至有的会因为没能及时凿穿冰洞而活活憋死在海里。

新生的小海豹正在尽情吮吸着营养美味的乳汁

夕阳中，一只幼年威德尔海豹依偎在母亲身边，进入了甜美的梦乡

很难想象，小海豹一出生就要直面低温和寒风的考验，严峻的生存条件对父母来说也是不小的挑战，而整个种群不得不在这样极端的环境下延续，想到这里不禁肃然起敬，对生命力的顽强充满了敬畏感。眼前正在妈妈周围打转，身长半米左右的小家伙，不久后也将和自己的父母一样，长成一头体长超过两米、体重超过两百公斤的大胖子。

贼鸥绝对是拉斯曼丘陵周边地区最邪恶的存在。它们好逸恶劳，贪婪且凶猛，为投机取巧动尽了歪脑筋。鱼虾无法满足它们的胃口，企鹅蛋、倒霉的小企鹅，甚至是落单的成年企鹅，都是它们食谱上的菜肴。在企鹅繁殖的季节里，成年企鹅们必须保持警惕，赶走一波又一波的不速之客。胆子大的贼鸥，甚至连身躯庞大的海豹都敢挑衅。

对于吃这件事情，它们是真正的来者不拒——遇见冻死的企鹅或海豹尸体，海豹的胎盘，以及科考队员们不慎洒落在野外的干粮，它们都会一哄而上地抢食。最让我印象深刻的一次是在度夏的时候，一名研究生物的队友正在海冰上采集鱼类样本，当他拽起鱼竿，一条巴掌大的鱼从鱼钩上挣脱，掉到了离我们几米外的雪地里。正当我准备过去帮他捡起来，不知道从哪儿冒出来一只贼鸥，在眼前嗖地落下，然后干净利落地飞走了，嘴里叼着那条可怜的鱼儿。队友却只能耸着肩膀，无奈地看着我。

几只贼鸥在酒足饭饱之后，悠闲地在海冰上嬉戏，
借着融化的雪水清洗自己的羽毛，一边消化食物，一边消磨时光

一只雪鹱栖息在雪地上，静静地沐浴在夕阳中

和贼鸥的形象截然相反，还有一种叫做雪鹱的鸟类。它们体型小巧、通体白色，纯洁和美丽是它们的标签。当它们展翅在头顶盘旋，我不由得想起了金庸笔下的小龙女，身着一袭洁白飘逸的长裙，凭借着高强的技艺施展轻功。

南极没有高大的树木供鸟类筑巢，积雪和岩石间的缝隙，就成了它们最温馨的小窝。当走在雪地里、山坡上，脚下忽然传来阵阵急促的鸣叫声，说明你很可能闯入了它们的领地。我曾好奇地顺着声音搜寻，不久便在岩石缝里发现了雪鹱的踪迹。阴暗的巢穴显得十分局促，它们洁白的羽毛在黑暗中泛着光芒，眼睛直勾勾地盯着我这个不速之客。居住在这样简陋的巢穴里，还要时不时地面临贼鸥的骚扰和侵占，这些小家伙们的生活实在是不容易。在好奇心得到满足后，不忍心过多打扰，我怀着敬畏之心迅速离开。

早在“雪龙”破冰的时候，我就曾见过一次鲸鱼。它在船头附近浮起来呼吸，海面上喷起巨大的水柱，并发出一阵清脆的噗噗声。整个过程只持续了几秒钟，尽管我端起相机傻傻地等了好久，但海面上再也没了动静。在蛮荒的南极野外，见惯了企鹅、海豹和飞鸟，对这种难得一见的大型海洋生物，我心里一直怀揣着一种莫名的期待。这种期待在一个烈日当空的正午得到了彻底的满足。

在一次前往达尔克冰川附近的例行观测结束后，我和队友登上了旁边的一座山顶，用相机对准了眼前的冰山和大海，寻找着一切值得拍摄的景象。在相机的取景框里，一些小黑点零星地散落在浮冰上，不用拉近镜头也知道那是企鹅在晒太阳。忽然间，我感觉到远处的海面上有些动静，并且这动静有些大，不像是企鹅或者海豹造成的。而当我将镜头拉近，眼前的景象让我惊呆了——是鲸鱼！并且是一群！

虎鲸群游过，吓坏了浮冰上的一只阿德雷企鹅

仔细观察后发现那是一群虎鲸，正游弋在浮冰区之间的海域里，看起来不像是觅食，只是消磨时间般的嬉戏。它们在一座冰山跟前钻进海底消失了踪影，不久后又在另一座冰山旁边浮出水面呼吸，我再次见到了久违的巨大水柱。它们的即兴活动打破了浮冰区的平静，海面上泛起巨大的涟漪。我和队友顾不上说话，一个劲地拼命按快门。曾经有几次，外出的队友返回站区后，兴冲冲地声称

自己刚才见到了鲸鱼，除了惊奇和羡慕，我甚至出于嫉妒而安慰着自己——“哼，谁知道真的假的。”这次亲眼见到并用相机拍到了鲸鱼后，“哈哈，我得好好嘚瑟一番。”我嘴角上扬，美滋滋地想。

在我还没有到南极来之前，印象中的南极并没有像现在这样充满生气。但这些生命仅仅活跃在南极大陆的边缘地区，也就是靠近南大洋的区域。如果向南继续挺近，长驱南极内陆，那里可以说是真正的生命荒漠。那里的气候更加恶劣——温度更低，风更大，海拔也更高。缺少了海洋的滋养，干旱的内陆更是断绝了生命延续的可能。但即使是在气候相对温和、物种相对丰富的南极大陆边缘，生命和物种在这里生存、维系和繁殖，也绝非易事。

尽管这里的生命在长期的演变和进化中适应了南极恶劣的气候，庞大的种群里却也总会出现被自然淘汰的个体。帝企鹅的一生充满着艰辛，尽管父母尽职尽责，小企鹅的存活率据说也仅仅只有20% ~ 30%。不仅是企鹅，壮硕的海豹也难免殒命，或是因为不敌严寒，又或者是因为在有限的时间里啃不穿那个该死的冰洞。同样也是因为寒冷，在这里分解动物尸体的菌类很少，活性也很低，于是对那些散落在雪地里的企鹅和海豹的尸体而言，等待它们的将没有体面的消亡过程，而只能是贼鸥的抢食。在本就如此严酷的环境里，优胜劣汰的法则仍然在无声地进行着，活生生地演绎着达尔文的进化法则，没有谁能够幸免。

一支庞大的企鹅队伍从我旁边经过

南极所有的野生动物都受到《南极条约》的保护，不仅是短暂停留的观光客，即使是常年生活在这里的科考队员，也必须遵守条约里的相关规定。我们不允许在野外擅自接触它们，甚至还要刻意地与它们保持距离，以减少对它们正常生活的影响。尽管在心中充满了好奇，有时候还忍不住地想跟企鹅或者海豹合个影，我们都会严格地保持在相安无事的范围内。但如果是动物们主动靠近我们，那么事情就好办多了——保持不动，并尽情地享受这一刻吧！

不论是吵闹不停的帝企鹅幼崽，替我看管相机的阿德雷企鹅，

夕阳下，一名队友在冰面上作业，几只帝企鹅正从他身旁经过

还是对着镜头睁大眼睛的小威德尔海豹，又或是躲在岩石缝里的雪鹱，畅快游弋的虎鲸家族，甚至是讨人厌的贼鸥，当这些动物们在南极这块曾经令人类都难以企及的大陆上世世代代繁衍生息，并在合适的时间里用各自的生命形态呈现在我眼前，我的心中充满了对生命的无限敬畏和赞美。好多次，望着在静止的冰山和雪地之间缓缓移动着的这些生命，光是静静地看，我就激动不已了。

当闭上眼睛，思绪又一次在广袤的冰原上游荡，掠过新生的帝企鹅群，在它们嘈杂的阵阵叫声中，我心潮澎湃，脱口而出——“生命！”

一条明显的冰裂隙

08 海冰探路

海冰探路

雪地摩托在一条约三米宽的冰缝前停了下来，深蓝色的海水静谧地躺在裂隙里，从脚下向远处延伸，在视线里逐渐变成了一条有些蜿蜒的细线，一座巨大的盖状冰山横亘在它消失的方向上。我环顾四周，头顶没有一丝云，天空蓝得特别纯净，而脚下则是一片白色，只有一些冰冷的轮廓和线条点缀在视野里。刺眼的阳光从墨镜夹片的周围钻进来，脸上的汗液掺杂着防晒霜的味道一起渗进面罩。我从背包里掏出观测手簿，伏在雪地摩托的坐垫上用铅笔写下“无法跨越”几个字。

姚旭让其他人在原地等待，和我开着一辆雪地摩托，向冰裂隙延伸的方向开过去，试图找到裂隙收窄的地方，再集合大家一起冲过去。我们与冰缝保持着几米远的距离，为了获得更好的视线以保证安全，他干脆站了起来，用脚踩在两侧的踏板上驾驶。我坐在后面，身体因为雪地摩托的起伏而不停晃动，用双手紧紧握住坐垫旁的扶手。冰裂隙两侧的海冰因为海水的侵蚀而变得透明，不到一米厚的海冰下面，是南大洋深达千米的冰冷海水。

我和队友们驾驶雪地摩托探查海冰的冰况，在一条无法跨越的冰裂隙前停下来

经过了大约十分钟的搜寻，我们决定返回。因为没有在对讲机里听到我们的呼喊，当远远地望着我们回来，等待着的队友就已经意识到今天的探路工作要提前结束了。我看了一眼 GPS，上面显示距离我们早上从中山站出发已经四个小时了。返回站区之前，我们决定坐下来吃点东西，顺便在返程的颠簸之前休息一会。我们将提前准备好的食物摊在雪地上，大家围绕着坐下来后，摘掉手套，开始享用起来。早上提前烙好的饼这会已经变得又冷又硬，在往里加了两块腌肉，淋上一些番茄酱之后，姚旭“嗷”地一声将一张饼塞进了嘴里，鼓着肥大的腮帮子，称这是美味的“中山披萨”。我们没有理会他的推销，毕竟在这片冰天雪地里，没有什么能比得上一口热腾腾的咖啡。

冒着生命危险在海冰上四处飞驰的我们，当然不是为了去体验探险的刺激。说来时间确实过得太快，转眼已经到了 10 月，去年的这个时候,我还在国内忙着准备来南极的各个手续。此时的“雪龙”号正准备着自己的远洋航行，将在 11 月初从上海出发，经过一个月的航行抵达中山站附近海域。而为了给“雪龙”的破冰和卸货决策提供参考，站上开始组织海冰探路行动。行动的主要工作是测量中山站周边海域的海冰厚度，并记录每一条危险的冰裂隙。太厚的冰，“雪龙”将无法破除，而如果海冰太薄（更不用说冰裂隙了），对进行冰面卸货的雪地车队来说，将是巨大的威胁。测绘专业背景出身的我，负责为雪地摩托和雪地车导航，并将野外采集的坐标和

正在海冰上钻孔的我们

海冰厚度的数据标记在遥感影像上，再用传真电报的方式发给“雪龙”参考。

由于海冰的实际情况会随着时间的推移不断地发生变化，探冰小分队每隔几天就得出动一次，而一次外出就是一整天——早餐后外出，晚餐前回来。我们根据规划好的路线，视实际情况每隔一公

老李对着镜头用实际行动向我证明——
在看似平静的海冰上活动，稍有不慎就
会掉进危险的冰缝里

里或者五百米钻取一个冰洞，然后量取海冰的厚度。海冰上往往覆盖着厚厚的积雪，在冰钻开始工作之前，需要先将采样点周围的积雪铲走，相比钻孔本身，这个过程消耗了我们更多的体力。

广阔的海冰上看起来一马平川，但我们却不敢纵情驰骋，必须保持警惕，处处提防冰裂隙。巨大的冰山旁边是最容易出现冰缝的地方——海冰在潮汐的作用下与冰山发生剧烈的摩擦、挤压和撕扯，冰山周围的海冰表面产生狭长的裂缝，而裂缝下面就是深不见底的冰冷海水。宽阔的裂缝很容易被察觉，狭窄的冰裂隙则隐蔽性很强，如果赶上一场新雪将其掩盖，就更不容易被发现了。可以说，每一次外出海冰探路，就像工兵进入了危险的雷区。为了防止意外落水，我们会在工作服外头再套上一件救生衣，但这也让我们活动起来变得不方便了，并且看上去还显得十分滑稽。虽说有了救生衣不用担心溺水了，但要是不慎掉进了冰冷的海水里，即使又爬了上来，距离站区这么远，不淹死也冻得够呛吧。

为了防止长时间驾驶导致手被冻伤，雪地摩托的把手带有贴心的加热功能。但其中一辆的加热功能坏了，于是上面的两个人轮流当起驾驶员来。回到站区，腿脚因为在雪地摩托上颠簸了一天而变得酸疼不止，屁股则更加难受。比起手脚和屁股，我们更在意的是自己的脸。由于南极上空存在着巨大的臭氧空洞，再加上地面冰雪的反射，冰冷的空气里紫外线肆虐。哪怕是在阴雪天，南极户外强烈的紫外线仅仅只要几个小时就能将一张原本白净的脸晒得连自己都不认识。即使抹了最高指数的防晒霜，还戴了墨镜和面罩，一天的探冰工作结束后，我整个脸都晒黑了一圈，眼睛周围留下了一个明显的墨镜印子。

当跑完了一天的测线，回到站区的办公室，我对照 GPS 和观测手簿将记录的数据抄进电子表格，不一会儿，电脑屏幕上便多出了一批新的采样点，我躺在椅子上，感到非常的满足。

我们十八个人守在中山站已经有大半年了，在经历了这么长时间的封闭式生活后，队友之间已经熟悉得不能再熟悉了。有时候坐在一起聊天，甚至刚聊没几句就停了下来，这时大家才发现似乎所有的话题都已经聊过了，顿时陷入了一种无话可聊的尴尬局面。餐厅里经常回荡着老掉牙的笑话，到了后来，我竟然也听得哈哈大笑。就连平时话不多的老吴都说："如果眼前出现一个陌生人，我能拉住他说半天。"所以，当"雪龙"从上海启航的消息传到站上，也就不必为我们的欣喜若狂感到意外了。一时之间，整座考察站都沉浸在巨大的期待之中。

和往年的越冬队员所经历的略有不同，此时的我们除了对老朋友"雪龙"满怀期待，茶余饭后也都在谈论着另一个大家伙——固定翼飞机"雪鹰 601"。虽然两架直升机——"海豚"和 KA-32 仍在考察队服役，但直升机的运载能力毕竟有限，续航能力也不

为了让雪地车安全通行，我们在一处冰裂隙铺上木板。
几只好奇的阿德雷企鹅从大老远赶来围观

足，一定程度上制约了我国在南极的航空科学调查和后勤保障的水平。我国第三十二次南极考察队里将增添这位新成员，而我们这些三十一次队的“老家伙们”将有幸见证它的南极首航。

据说“雪鹰 601”是个外表复古、内涵先进的大家伙。它的原型机曾在二战时服役，经过特殊改造，能在南极地区复杂和恶劣的气候条件下飞行，并且搭载了各种科研设备，可以说是一座飞行的实验室。因为国内的航空公司对这种极地固定翼飞机的运行缺乏经验，所以“雪鹰”被暂时托管在加拿大。它的南极首航将经历数次转场，先飞抵西南极，再经过南极点，最后抵达中山站附近的冰盖机场，航迹横贯整个南极大陆。根据计划，这个会飞的大家伙将赶在“雪龙”之前与我们见面，真是个速度快、性子急的家伙。于是，和海冰探路同时进行的，还有为“雪鹰”首航开展的各项准备工作。

在距离中山站往南十几公里的冰盖上，有一片相对平整、适合飞机起降的地方。俄罗斯的固定翼飞机每年都会在这里降落和起飞，在进步站的维护下，这里成了一个标准的冰盖机场，这次“雪鹰”的南极首航就将在这里降落。两名机械师驾驶着 PB 300 雪地车早出晚归，开始频繁地往返于站区和机场之间。雪地车的车头部位加装了扬雪机清理积雪，车尾部则安装了一台平整冰面的设备，沿着一条直线跑下来，就形成了一道宽四五米的平坦的冰面。因为在南极的冰盖上无法铺装飞行跑道，所以只能依靠雪地车进行平整，达

气象员冒着风雪前往进步站气象站

到了一定的技术规格便形成了标准的冰盖机场。而为了适应冰面起降，“雪鹰”的起落架下方安装了可拆卸的雪橇板，犹如蹬着一副巨大的雪橇。

和机械师一起在冰盖忙碌着的，还有气象预报员。天气状况对飞行安全的影响不言而喻，更别说是在南极这样气候极端恶劣的地方。另一方面，因为南极地区地广人稀，气象数据的采集站分布远不如其他大陆上那样密集，往往只在各个科考站附近才建有共享数

据的气象站，所以气象员能利用的资料有限，这对他们预报天气造成了很大的困难。这时候，我们的气象员不仅要加大观测频率，还要经常前往进步站的气象站，与进步站的气象员进行沟通，并汇总两站的气象资料进行联合预报。

两辆雪地车每天早上准时向机场进发，后面的车厢却空空如也，这让老崔心疼起了因空载而浪费的油料。后来，他决定利用雪地车

进步站出动他们特制的油罐车，帮我们运送油料

每天前往冰盖的机会，将站区的部分油料运往机场附近的内陆出发基地。这样不仅提高了雪地车的燃油利用率，还为下一次的内陆队节约了准备物资的时间。刚开始，我们将站区油库里的油料抽到油囊里，再装进雪地车的车厢，运送至出发基地后再抽出来。可是这样做让时间成本又变得高了起来，并且每次的运输量也很小。

热心的进步站站长安德烈主动提出用他们特制的油罐车帮我们

油罐车身上结了一层厚厚的冰

运送油料，这让我们既意外又惊喜。油罐车分为两节，车头是个深绿色的大家伙，后面拖着一只巨大的油罐，它一个车次运送的油料足够我们用油囊折腾一个星期。

冰盖上的风很大，冷空气很快侵蚀全身，让人觉得异常的冷。沙子般坚硬的雪被风卷起，戴着面罩都难以直面冲击。我环顾四周，太阳躲在云层背后，但强光依旧刺眼，视野里一片白茫茫，眼下新一轮的极昼又要来临。

比极昼早一步来临的是俄罗斯的固定翼飞机。它在一个寒冷的下午划破天际，打破了沉寂已久的拉斯曼丘陵地区的平静。和飞机一起抵达的还有十几名俄罗斯考察队队员，以及一些补给物资。我们守在一旁，羡慕地看着进步站的越冬队队员与同胞们激情相拥，在飞机旁大声寒暄，借用朱自清先生的话，“但热闹是他们的，我什么也没有。”

不对，至少我还有两颗西红柿——这是进步站的大厨偷偷塞给我，刚从飞机上卸货时拿的。我突然意识到，自己已经记不清上次吃到新鲜西红柿是什么时候了，只能模糊地记起“雪龙”餐厅里美味的西红柿蛋汤。距离上一年度的补给已经快一年了，此时的我们对新鲜蔬果的渴望，就像被困在沙漠腹地的探险家对水的渴望，因为期待了更久，压抑得更深，是真正的“久旱待甘霖”。准备道谢的我一时哽咽了，紧紧地攥着这两颗冻得僵硬的西红柿，泪水在眼眶里打转。冰原上两颗西红柿的分量，只有在南极越过冬的我们才真正懂得吧。回到站区刚进门碰见了郭兴，于是和他一同分享了这顿西红柿大餐。这小子运气真好，我想。

我们开始打扫卫生，整理房间，中山站到处弥漫着忙碌的气息。越冬宿舍楼里为即将到来的“雪鹰”机组铺好了床铺，房门旁边贴上了几个新名字，除了一个中文名字外，还有三个洋气的英文名字，他们是来自加拿大的机组成员。极昼后的第六天，中山站也迎来了它的大日子。除了通信员、气象员、发电工和大厨留在站区坚守岗位，其余十几个人早早地抵达了冰盖机场，两辆雪地车的车厢头一次被塞得满满当当。

两名机械师驾驶雪地车又开始了平整冰面的工作，为“雪鹰”降落做着最后的准备。跑道的另一边，一条巨大的横幅——“热烈祝贺雪鹰 601 成功首航南极”被我们用竹竿立起来插进雪地里，这是管理员陈松山特意用毛笔字写的。老崔嘱咐我们几个年轻人多拍些照片和视频，“中央电视台可等着用呢！”天边仍然空荡荡的，强劲的风迎面刮过来，像刀割一样，大家逐渐挤在塔台的背风一侧。

上午 10 时 30 分，塔台的小房子里传来了断断续续的电波声，我们立刻意识到这是“雪鹰”正在呼叫。“各就各位，快快快！”老崔抓起一旁的国旗猛地起身，另一只手激动地挥舞起来。我们马上站成一排，神情紧张地盯着跑道向内陆冰盖延伸的方向。

“来了来了！”几分钟后，忘了是谁眼尖最先发现，在一阵激动的喊叫声中，顺着他手指的方向看过去，一个小黑点正在云雾缭绕的远方天际缓慢移动。老崔激动不已，开始拼命地挥舞国旗，我们也跟着他欢呼起来。小黑点逐渐变大，一抹亮眼的红白色从天际向我们飞来。引擎轰鸣和桨叶转动的巨大声音从我们头顶掠过，但它似乎并没有减速降落的意思，绕到我们背后几公里后才开始调转方向，这是“雪鹰 601”在进行降落前的地形观察。

在围绕机场上空盘旋了一圈后，“雪鹰”明显降低了飞行高度，开始向跑道俯冲过来。一阵轻柔的摩擦声中，“雪鹰”特制的雪橇起落架与冰面亲密接触，沿着跑道笔直地靠过来。它减速很快，在

“雪鹰”降低高度，准备降落

地勤人员的指挥下，稳稳地停在了划定的停靠区域内。机身两侧巨大的螺旋桨转速逐渐变慢，我们在一阵激动的欢呼声中向这个大家伙靠拢过去。

在一望无际的白色冰原上，“雪鹰”机身的中国红元素显得既鲜艳又亮眼。和“雪龙”一样，“雪鹰”的机身上也印着巨大的英文“CHINARE”（Chinese National Antarctic Research and Expedition，中国南极科学考察队），后面还印着中文“雪鹰 601”。当吵闹的螺旋桨彻底停止了转动，靠近机身尾部的舱门被打开，一个穿着和我们一样的橙色“企鹅服”的人探出头，顺着放下的舷梯慢慢走了下来。

老崔激动得不行，跑在我们老前面一把将那人抱住，一只手还紧紧地握住国旗的旗杆。小松是老崔在中国极地研究中心的同事，是机组里唯一的中国人。

“天上隔老远就看到咱们老崔在挥舞国旗了！”小松笑着对我们说。

“那可不！激动啊！”老崔骄傲地回应。

“来来来，咱合个影，晚上上《新闻联播》！”

返回站区的雪地车车厢，因为四位新成员的到来而变得热闹非凡。期盼了这么久，见到新来的队友，就像见到了亲人一样。我们

“雪鹰”首航南极的合影

忽然意识到除了机组的行李，并没有期待已久的补给品。小松解释说，因为这次飞行路途太长，途中还经历了几次转场，加上机舱里堆满了各种科研仪器，所以没有带补给品过来。换句话说，想要吃上新鲜的蔬菜和水果，还是老老实实地等“雪龙快递”吧。

抵达站区后，我打开办公室的电脑，查询“雪龙”的航行动态。数据显示此时的“雪龙”已经接近南纬 62 度，按照当前的航速，应该在三天之内就能抵达中山站附近海域。

“是先吃苹果，还是橙子呢？”我靠在椅子上，美美地想。

在站区看到的一艘俄罗斯破冰船正在夕阳中航行

09 最后的南极生活

最后的南极生活

2015 年 12 月 3 日凌晨，报房里的甚高频对讲机里传来一阵急促的呼叫，将熟睡的老李从梦中惊醒。

“中山中山，雪龙呼叫。中山中山，雪龙呼叫……”

呼叫重复了好几遍后，他睁大了眼睛，确认这并不是我们的恶作剧后，抬高嗓门兴奋地回应：

“中山收到，中山收到！”

这一消息立即通过我们随身的对讲机传开，我们纷纷起床，聚在越冬宿舍楼的大厅里兴奋地谈论。我打开电脑查看“雪龙”的位置，此时它距离中山站已经不到40公里，正以6节的航速向中山站靠近。回到床上的我辗转反侧，强迫自己抑制住激动的心情，催促自己赶快入睡。

第二天下午，我们在锣鼓声中迎来了从“雪龙”船飞到站上来的第一批队员。我们在这里坚守了一年，他们也经历了一个多月海上漂泊的日子，此时大家就像见到了久别重逢的亲人一样，在停机坪激动地拥抱、问候。这当中有熟悉的老队友，也有陌生的新面孔，每个人脸上都洋溢着灿烂的笑容，真是“同是天涯沦落人，相逢何必曾相识”。

飞抵站上的第一个架次，会捎带上一些新鲜水果，这是新来的考察队对越冬队员们最真诚的问候，也是考察队一直以来的传统。我们几个小伙子早早地盯上了从机舱里搬出来的几个纸箱，在搬往综合楼的路上就迫不及待地撕开了一条口子，红的黄的绿的，各式各样的新鲜水果似乎都发着亮闪闪的光芒，光是看一眼就令人兴奋不已。

我们在餐厅里大快朵颐，相互看着对方狼吞虎咽的样子傻笑。正当我准备吃不知道第几个橙子的时候，老崔走了进来，把我和刘杨、郭兴叫到一边，向我们递过来一张 A4 纸。这是从“雪龙”上刚刚传真过来的考察队文件，大意是说由于工作的需要，三名接替我们的队员将比计划延迟抵达中山站，因此我们仨将延期回国，继续在中山站度过一个夏季。除了我们三个之外，老崔、姚旭和老邹要参加新一次的内陆考察，我们六个将在明年的三月份一起回国。看到上面的内容，我们几个一下子傻眼了。在这之前，我们早早地打包好了行李，并告诉家人我们将赶在春节前夕回国，现在我都不知道该怎么向爸妈和女朋友开口。

时间没有留给我们感伤的机会，简单地收拾心情后，我们立即投入到繁忙的卸货工作中。我迎来的第一项任务就是进行卸货前的最后一次探路，这将为考察队的卸货工作提供决定性的参考。尽管我们早在一个多月前就开展了海冰探路工作，但遗憾的是，这次探路的结果并不理想。从中山站到“雪龙”船之间的冰面上出现了几条新的冰裂隙，海冰也表现出了明显的消融迹象。最后，队上决定放弃海冰卸货，全部的物资都将采用直升机吊运送到中山站。

当“雪龙”熟悉的红色身影再次出现在视野里，我坐在雪地摩托的后座上，望着远处的这个大家伙在视线中上下起伏，心中充满了感慨。一年前，我的师兄张保军也曾驾驶着雪地摩托从站上出发，

我们驾驶雪地摩托进行最后一次海冰探路，
眼前的“雪龙”仿佛停在一片巨大的白色荒漠中

当时的我就位于眼前的这艘船上；如今换成了我坐在开往“雪龙”的雪地摩托上，船上却没有送来接替我的人。

“雪龙”用一顿热腾腾的饭菜招待了我们，餐厅里不停地有新队员围过来，好奇地问着各种关于南极的问题。我开始得意地谈论起一件件越冬轶事，望着眼前一张张好奇的陌生面孔，自己也俨然成了一名老南极。

返回中山站前，我激动地跳起来与“雪龙”合影

紧张的卸货工作在船站两头如火如荼地进行着，“海豚”和KA-32直升机不停地往返于船站之间运送人员和货物，停机坪周围围满了忙碌的机械和人们。另一边，新一任的越冬队上站以后，抓紧时间进行工作交接。本以为我们十八名越冬队队员会一起离开，共同走完南极征途的最后一程，没想到现在却还要经历一场离别。

一天下午，我正在广场上给集装箱摘钩，对讲机里传来通知，让即将撤离的越冬队队员在停机坪集合，准备飞往“雪龙”船。我心头一紧，放下了手中的活，立刻向停机坪跑过去。这时，熟悉的队友们背着各自的背包，手上提着行李箱，聚在停机坪的一侧交谈，等待飞机从“雪龙”那头过来。

“别伤心，我会想你们的！”王医生脸上写满了开心，冲着我们几个傻笑。

“除夕给你们发年夜饭大餐过来，馋死你们！”小灰灰刚嘚瑟完，就被我和郭兴追着打了一顿。

几分钟后，“海豚”稳稳地停在停机坪上，桨叶并没有减速要停下来的意思。我们本想赶在登机前与队友们最后拥抱一次，可地勤人员挥舞着双手，催促着大家赶紧登机。一切都显得那么匆忙，似乎在南极从来就没有隆重的告别。

直升机渐渐飞远，望着这群共同生活了一年多的人们逐渐消失在天际，我心里不禁怅然若失。一年多来，我们同甘共苦，严寒不曾将我们战胜，孤独也没有将我们吞噬。我们年龄悬殊，最大的老王 58 岁，最小的我 24 岁，互相之间却都以兄弟相称。我们工作在一起，生活也在一起，经历了极端环境下的各种考验，却也共同体验了大自然的神奇。我很难准确地形容我们之间的感情，但在这个世界上，除了南极，还有哪个地方能孕育出这样的感情呢？

一切工作都在按部就班地进行着，因为曾经历过一个夏季，各项工作的开展对我这名“老队员”来说没有丝毫的新奇感。几天之后，当卸货工作结束，物资也整理完毕后，又到了内陆队出发的时候。雪地车组成了浩浩荡荡的车队，拖着载满货物的雪橇，开启了他们奔向昆仑站的千里征途。“雪龙”也在这时起锚，它将自西向

浩浩荡荡的内陆队正在出发基地整装待发

东地围绕着南极大陆航行一周——首先抵达长城站，然后在智利最南部的城市蓬塔进行补给（并在这里接上那三名“迟到”的队员），接着前往罗斯海进行新考察站的选址工作，最后返回中山站。整个走航过程中，还将随船进行相关的海洋考察工作。

在“雪鹰”机组的营地旁，我体验了一把雪地里的露营

和去年夏天不同，“雪鹰”的到来大大改变了中山站的氛围。“雪鹰”搭载了包括航空重力仪、磁力仪和探冰雷达等先进的科研仪器，可谓装备精良。它不远万里来到南极入列，可不光是为了运送人员和货物，它最主要的任务是要在中山站所在的伊丽莎白公主地及其周边空域开展航空科学调查，以填补各国在此区域内的研究空白。

“雪鹰”抓紧利用每一次适合飞行的天气窗口，向还未曾进行过航空科学调查的空域进发，每一次安全返航后，都带回来海量的研究数据。机组成员和研究人员索性住在了机场附近的集装箱里，以更充分地利用时间调试设备、分析数据。一时之间，经常可以见到“雪鹰”机组聚在一起讨论采集的数据，甚至将观测结果打印出来张贴在餐厅里，供大家一起讨论。

元旦当天，站区正在举行新年聚餐，冰盖机场传来消息，“雪鹰”搭载的一套仪器出现了故障，机组正在为此发愁，因为根据计划，明天将飞一条新的测线，而如果故障不能及时得到排除，后续的测线安排都将会因此受到影响。我受到了强烈的感召，主动要求去给机组帮忙。经过大家通宵奋战，仪器故障终于得到了解决，筋疲力尽的我走出机舱，太阳离地平线很近，“雪鹰”的影子在冰盖上拉得很长。机场的黄师傅问我想在哪儿休息，是进集装箱呢，还是睡帐篷？我当然选择了后者。我钻进雪地的帐篷里，裹紧睡袋，极昼强烈的日光照射下，我竟然热出了汗，阳光实在是太刺眼，我戴着墨镜都难以入睡。当我再醒来的时候已经是中午了，机场里已经不见了“雪鹰”的踪影，此时的它正翱翔在广袤的南极内陆上空。

在“雪鹰”执行最后一次飞行任务的时候，我有幸参与其中。靠着机舱的窗户，冰原渐渐远去，脚下出现一座座巨大的冰山，当以俯视的视角欣赏着这些光怪陆离的冰雪巨兽，这和在陆地上看起来完全不同。面对数不清的巨大冰山和宽广的南大洋，渺小的我再一次深深地感受到了自然的神奇。

当一天的工作结束，我经常和队友结伴去海边，静静地等待漂浮在海上的巨大冰山，在黄昏时分上演奇幻的景象。夕阳将天边染成红色，狂风呼啸，流云飞逝，奇形怪状的冰山在风和潮汐的共同作用下四处游动，像呼吸一样上下沉浮，并旋转个不停。地球的影子逐渐拉长，投在冰山锋利的轮廓上，光影交错间，景色美妙得有些魔幻。面对着如此壮阔和令人惊叹的景色，我开始对延期回国这件事感到庆幸起来，并暗自决定利用工作之外的时间，多拍一些照片和视频，以记录自己最后的南极时光。

新来的越冬队队员老穆是一名摄影爱好者，我和他都被黄昏时的冰山呈现的光影魅力所吸引。一个寒冷的黄昏，大自然的鬼斧神工再一次令我们俩大饱眼福，陶醉之余却不慎让自己陷入了危险的境地——潮水迅速涨起，将岸边的海冰冲散，返回站区的路上露出了一条几米宽的裂缝，眼前的潮水来势汹汹，不断地在我们脚下拍打，溅起阵阵浪花，兴致勃勃的我们马上意识到了事情的严重性。

为了避免海冰被潮水冲散的范围进一步扩大，在用三脚架试探了裂缝里海水的深度后，我和老穆决定抓紧时间，冒险涉水趟过去。我们俩一前一后，小心地踩进水里，冰冷的海水马上渗透衣服触碰到皮肤，漂浮的冰块跟随潮汐的节奏在我们大腿旁摩擦。浸泡在冰

在“雪鹰”上俯瞰冰山和大海

冷的海水中，我们不敢快速向前迈进，利用三脚架探路，小心地迈着步子，既担心脚底打滑而被卷入湍急的潮水中，也不希望挂在脖子上的昂贵的相机因进水而受损。几十秒后，我和老穆到达了裂缝的对面，我们瑟瑟发抖地站在风中，回头看着刚刚越过的裂缝面面相觑。因为进水而变得笨重的靴子被我们脱掉了拎在手上，两个人

夕阳的最后一抹余晖即将从冰山的顶部消失

踩着湿透的袜子，飞快地跑向站区，相机在脖子上不停地晃来晃去。回头想想，这应该是我在南极经历过的最惊险的一刻了，要是当时被潮汐卷走就真的凶多吉少了。

如果说去年在中山站过春节，虽然不能和家人团聚但却别有一番新奇感，那么在这里过的第二个春节可以说剩下的只有煎熬了。小灰灰很守约地发来了他家丰盛的年夜饭，还不忘发来自己吃喝时的自拍，隔着手机屏幕我都想揍他一顿。当新年的钟声响起，我给爸妈打了一通电话，此时的他们在爷爷奶奶家，热闹的欢声笑语中没有一句对我延期回国的失落和抱怨，大家轮流着接过手机，说着类似的祝福和关心的话语，让我一定要站好最后一班岗，一定要注意安全。我忍住泪水，不停地“嗯”。

在离开南极之前，如果说还有什么能够让我再次燃起期待的火焰，那就是再见极光。自从极光被新一轮的极昼吞没，我已经有四个月没见到她的踪影了。看着电脑硬盘里曾经拍摄的极光照片，感觉就像做梦一样。如今极昼已经过去，夜空逐渐开始变得暗淡起来，于是我又开始对拍摄极光这件事情变得热衷起来。终于，在一个晴朗的夜晚，一道绿色的光束横贯夜空，即使月光明亮也无法盖过其光芒。一群还未见过极光的度夏队队员格外兴奋，激动之中纷纷拿出相机拍摄。想到这可能是自己最后一次见到南极光了，在帮队友拍了一些照片后，我愣在雪地里，仰望着熟悉的夜空陷入了感慨。

汹涌的潮汐将海冰冲散，我和老穆不得不趟水返回站区

“雪龙”结束了两个多月的环南极航行，再一次抵达了中山站附近海域。“海豚”送来三名姗姗来迟的的队员，在带着他们熟悉了仪器和观测流程后，我们在沉甸甸的交接报告上签下了各自的名字。这时，一个声音仿佛在说：“时间到了，该回家了。”

2016 年 3 月 3 日中午刚吃完午饭，得知“海豚”即将从“雪龙”

阔别四个月后，极光又一次出现在中山站上空

上起飞，我们几个匆匆赶回宿舍取行李。我拎着两个大箱子，还背着一个背包，站在110宿舍门口，望着里面熟悉却又即将变得陌生的一切，不舍地关上了门。去停机坪的路上，经过广场上的“中山石”，我们叫住一名队友帮忙拍照，成了我们在临别前与中山站的最后合影。

与极光、企鹅同框，是我一直以来的心愿，没想到心愿竟然在离开中山站前夕得到了满足

一年多的时间里，我已经记不清多少次踏上这条通往停机坪的路，送走了许许多多曾共同在南极奋战的队友，一个架次接着一个架次。这一次，即将登机离开的，是我自己。

直升机快速升空，我掏出手机，打开了录像功能。停机坪上挥舞送别的手，广场上忙碌着的工程车，被潮水冲上熊猫码头的海冰，成了我对中山站的最后印象。大约两分钟后，宽阔的海面上，我们又与“雪龙”见面了。飞行员小心地调整飞机的方向和姿态，很快便稳稳地落在了“雪龙”的飞行甲板上。

“欢迎回家！”机组的地勤人员打开舱门，拍打着我的肩膀，在螺旋桨的嘈杂声中大声喊道。

“雪龙”驶入一片碎冰区

10
星 辰 大 海

星辰大海

2016 年 3 月 5 日下午，“雪龙”驾驶室里人头攒动，一群队友围绕在驾驶台周围，用甚高频对讲机与中山站喊话告别，另一群人站在挡风玻璃前聊天，视线远方是拉斯曼丘陵地区连绵的海岸线。当预料中的轮船汽笛声响起，对讲机那头传来的声音忽然变得激动起来——“请考察队放心，我们保证圆满完成越冬考察任务！”这是新任越冬站长的庄严宣誓。

在阵阵道别声中，脚下传来一阵明显的震颤，我朝窗外望去，在海岸线的参照下，船头正在缓缓地调转方向。我走出舱门，船身两侧已经泛起阵阵涟漪，这涟漪迅速地向周围传出去，打在了远处的冰山上。在完成航向的调整后，“雪龙”在一阵明显的加速中向前驶去，浮冰从船下匆匆掠过，我错愕地回头张望，此时船尾正拖着长长的尾迹，消失在我所熟悉的冰雪大陆那头。这一刻，我像一个慌乱的孩子，愣在甲板上茫然地不知所措。

已经在万里之外的冰冷荒原上连续度过两个春节后，归心似箭的我恨不得瞬间飞回家人的身边，却也曾多少预料到离别时的感伤。当海岸线的轮廓被渐渐增多的冰山遮挡，我紧张地握住甲板周围的栏杆眺望，仿佛握得越紧，眼睛睁得够大，就能将南极大陆在视野里多留一秒。但很快从掌心传来一阵刺骨的疼痛感，我冷冷地打了个哆嗦，把手从栏杆上缩了回来。轮船在持续的轰鸣声中继续向前，甲板上聚集了越来越多的人，面对渐行渐远的南极大陆，有的只是呆呆地望着，有的拿出相机拍照，举起又落下。

夕阳中的普里兹湾，“雪龙”正小心地穿行在由冰山形成的茂密“丛林”间。一座座巨大的冰山从我们身边掠过，在夕阳中呈现出奇幻的轮廓和诡异的色彩。当隔着数百米的距离欣赏一座长达数公里的冰山，我们有足够的时间发出惊叹。经过了一座冰山，视野跟随走航渐渐开阔，放眼望去，映入眼帘的是另一座冰山。眼前的

巨大的冰山在夕阳中呈现出奇幻的轮廓和诡异的色彩

三只帝企鹅显然被“雪龙”这个庞然大物吓坏了，正慌乱地四处逃窜

这些大家伙，都曾决绝地与南极冰盖告别，轰轰烈烈卷起千堆雪，如今却失去了方向，跟随洋流飘往温暖的北方，终免不了消融的命运。

3月份逐渐转冷的天气使得海面有了重新凝结的迹象，眼下我们正闯入一片碎冰区，无数冰块相互聚集和挤压，像极了夏日池塘里拥挤的荷叶，我们称之为“荷叶冰”。可别小看这些随波逐流、力量纤弱的冰块，它们将逐渐发展壮大，联结形成上百万平方公里的海冰，将汹涌的潮汐按捺在自己身下，在寒冷的冬季里封锁整片海域。

当我们逐渐航行到碎冰区的中心，“荷叶冰”的块头变得越来越大，海水也已经处于半凝固的状态，我们仿佛航行在一片无边无际的白色荒漠里。船头和两侧传来呲呲的声音，那是碎冰持续在船身上摩擦发出的响声。不断有海豹和企鹅出现在视线中，它们在浮冰上或站或躺，远远地目送我们离开。

“雪龙”在雪夜中航行

夜里下起了大雪，驾驶室笼罩在紧张的工作氛围中。船顶的探照灯将前方的海面点亮，疾驰的雪花迎面而来，有的重重地摔在了驾驶室的挡风玻璃上，还有的从侧面穿过巨大的光柱扬长而去。即便是在夜里，“雪龙”也要小心谨慎地继续航行，雷达屏幕上显示出航线附近漂浮着大大小小的冰山，值夜班的船员必须在有限的可视范围内不断修改航向，以避免出现意外状况。窗外刺眼的探照灯来回滚动，船员在驾驶台前谨慎地操控着设备，神情紧张的脸上映着各种颜色的仪表盘灯光。此时，绝大多数的科考队员都已安然入睡，他们不需要知道温暖住舱外所发生的一切，几小时后迎接他们的是一个新的早晨。

云层逐渐将极光遮蔽，探照灯后面还能瞥见一缕极光

令我没有想到的是，就在即将离开南极的途中，竟然还能在广阔的南大洋上一睹极光的风采。航行第三天的傍晚，一道浅绿色的光带出现在“雪龙”的左舷方向，在还未黑透的夜空中翻滚，逐渐扩大着自己的势力范围。我非常清楚地意识到，这应该就是我最后一次见到南极光了。我理所当然地把它当作南极送给我的纪念品，一份我将永远珍藏在心中的珍贵的告别礼物。这一年来，拉斯曼丘陵的雪地里布满了我追寻极光的脚印，当我还沉浸在没有和极光好好告别的悔恨中，却没想到此刻的自己又一次站在了极光之下，沐浴在她多情的怀抱中。

海面上倒映着皎洁的月光

我抬起头，极光弥漫至“雪龙”的上空，黑暗中已经分不清楚到底是船调整了航向，还是极光的方位发生了变化。极光继续蔓延，海面也被映成了淡淡的绿色，海天之间，一叶扁舟正优雅地穿行其中，世界上还有什么场景比现在更梦幻？在洋流温柔的起伏中，我闭上眼睛，用力地感受这份静谧和神奇。这片光芒承载了太多我关于南极的记忆，曾经那么熟悉，如今却不得不分离，澎湃的情绪一拥而上，我不禁热泪盈眶。不知不觉中，云层从远处一路奔袭而来，从边缘开始渐渐地蚕食着极光。没有过多的反抗，极光收敛了自己的光芒，很快消失在了浓密的云层背后。我站在甲板上抬起头痴痴地等，直到寒风吹透身体，却再也没等到云层消退的那一刻。

4月初的一个晚上，我走出住舱，扑面而来是温润的海风。昏暗的灯光下几名船员正在抽烟聊天，手指尖闪烁着忽明忽暗的红光，他们扯着嗓子大声地说话，虽然离我很近，但话语几乎都淹没在了嘈杂的海浪声中，只能隐约地听到他们在讨论靠港的事宜。

我抬起头，银河横卧在夜空中，满天的星光正随着船身的晃动慢慢摇曳。平静的大海被船身划开，激起阵阵白色的浪花。这一切都似曾相识，五百多天的南极之旅即将结束，眼前的星辰和大海是最富有诗意的句号。

月亮渐渐从海平面上升起，皎洁的月光中，“雪龙”满载着疲惫的浪子正往家的方向一路奔袭，披星戴月，昼夜不息。

“雪龙”上空绚烂的极光

小艇卸货期间，数不清的贼鸥盘旋在码头上空

一些瞬间

中山站一个普通的早晨，科考队员们一天的工作即将开始

KA-32 的机舱里挤满了人，我们即将飞往印度巴拉提站作业

两国科考队员正在切磋乒乓球技

俄罗斯卫国战争胜利日当天，我们受邀前往进步站聚餐。
图中我正在念提前准备好的英文致辞

我正在野外进行 GPS 测量

一只威德尔海豹注意到了我的存在，抬起头打量着我

一场大雪过后，车库门口堆积了几米高的积雪

极夜结束后，我们曾一度热衷于在冰山之间漫步

队友们在冰盖上撒欢

哈哈哈哈

我们在俄罗斯队友的帮助下转运油料

一个天然形成的冰洞里发出深蓝色的光芒，Tolyo 爬上去示意我给他拍照

晴天在海冰上看中山站

进步站站长安德烈骑着“小四轮”穿行在冰山之间

“雪龙”驶入一片碎冰区

“雪龙”途经澳大利亚珀斯港口补给完毕正在出港，下一站是上海

远处的云层在夕阳中快速流动，海面上一座座巨大的冰山跟随着洋流四处漂泊

跟巨大的冰山比起来，一百多米长的破冰船就像一个孩子的玩具

夕阳中的地磁观测栋

远处低矮的云层间包裹着彩虹，一艘货轮正穿梭其中

一只雪鹱落在“雪龙”的甲板上久久不肯离开

月光下雪地里的脚印

南大洋普里兹湾大面积的碎冰带，随着温度的降低，海面将重新封冻起来

中山站上空罕见的“蓝月晕”。当一个月罕见地出现两次满月，第二次满月则被称为“蓝月亮”，而月光受到空气中冰晶的折射则会形成光晕

极昼来临前的极光。即使在深夜，地平线始终保持着微弱的光芒

手可摘星辰

在我和 Tolyo 的倡议下，中山站和进步站的
队友们一起在一个晴朗的夜晚抵达了劳基地

利用相机长时间曝光在极光下的光绘

我站在“雪龙”的舱盖上与银河合影

正在船头作业的船员

极光下的冰山和我

躺在海冰上享受着日光浴的威德尔海豹

深夜，“雪龙”驾驶舱内的海图室

机组正在对“雪鹰 601”进行维护

坐在“雪鹰 601”机舱里看“海豚”

队友老王在雕刻木葫芦

“雪龙”甲板上析出的海盐

海上的风暴前夕

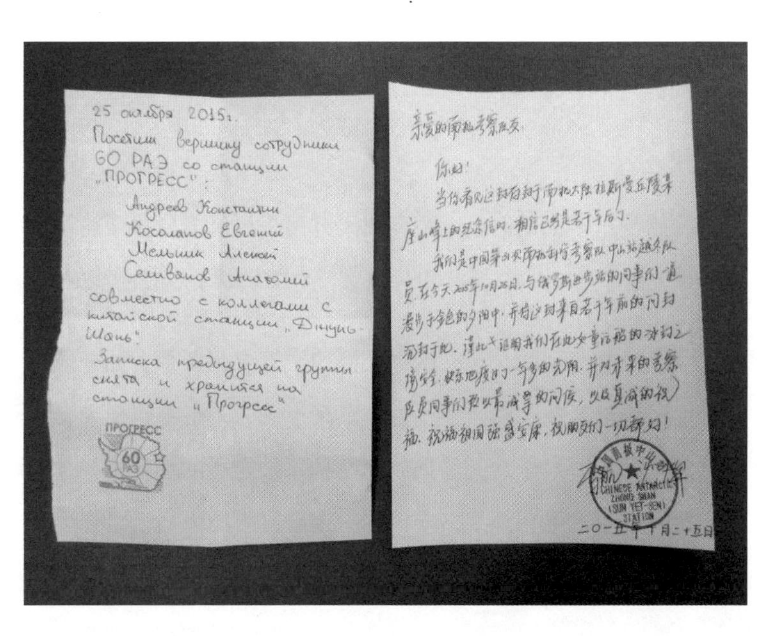

25 октября 2015г.
Посетили вершину сотрудники 60 РАЭ со станции „ПРОГРЕСС":
Андреев Константин
Косолапов Евгений
Мельник Алексей
Селиванов Анатолий
совместно с коллегами с китайской станции „Джунь-Шань".
Записка предыдущей группы снята и хранится на станции „Прогресс"

亲爱的南极考察队友：

你好！

当你看见这封存封于南极大陆拉斯曼丘陵某座山峰上的纪念信时，相信已经是若干年后了。

我们是中国第32次南极科学考察队中山站越冬队员，在今天2015年10月25日，与俄罗斯进步站的同事们一道漫步于金色的夕阳中，并将这封来自若干年前的问封而封于此。谨此证明我们在此[illegible]的冰封之境安全，快乐地度过了一年多的光阴。并对未来的考察队员同事们致以最诚挚的问候，以及真诚的祝福。祝福祖国繁盛安康，祝朋友们一切都好！

[illegible]

二〇一五年十月二十五日

我们和进步站的同事曾一起在一座山顶埋下“时间胶囊”，这是胶囊里的纸条

后记

开始写这本书的时候，距离我离开南极已经一年多了。写作的过程持续了半年,从武汉闷热的盛夏,一直绵延到了现在阴冷的冬季。

令我没有想到的是，在南极拍摄的十万多张照片，如今成为了我最引以为傲的精神财富。当往事渐渐远去，记忆终将模糊，它们是我回忆往事时最生动的依据。这一幕幕被定格的场景，如今也成了我撰写本书的灵感源泉，支撑着一个个真实的南极故事在读者面前呈现。

从初到南极邂逅巨大的冰山开始，所见到的一切不断地拓宽我的视野，这让在狭小的象牙塔中成长起来的我，深刻地体会到了世界的广阔和神奇。当我跋涉在广袤无垠的冰原上，或是站在深邃绚烂的星空和极光下，自然的力量一次次震撼着我的心灵，让我完全没有招架的能力。

当新生的威德尔海豹依偎在母亲身旁晒太阳，躺在海冰上向我投来好奇的目光；当在野外工作时偶遇三五成群的阿德雷企鹅，小家伙们摇摆着身体朝我围拢过来，面对这些包裹在冰雪之中却活力的生命，无法不让人为之感到敬畏。

驻守在与世隔绝的考察站里，来自外部环境和自身心理的种种挑战，对我和队友们来说都是一场磨练和洗礼。当雪地车在野外意外抛锚，下一秒机械师就已经钻到了车底，躺在零下三十多度的雪地里修理起来，这种义无反顾深深感染着现场的每一位考察队员。在新鲜蔬果消耗殆尽、顿顿吃肉的日子里，我曾经历过一段望梅止渴的日子，那段时光里我经常回想起广八路的烧烤，里面有我最爱的蒜泥茄子。

毫无疑问，是南极塑造了现在的我，这个正向大家娓娓道来的我。

借此机会，我要感谢我的导师王泽民教授，我能有机会参加南极科考，离不开您的支持和帮助；感谢崔鹏惠站长，是您的豁达和体贴，让中山站全体越冬队员在枯燥的工作之余能够“快乐南极，享受南极”；感谢所有的考察队队友，其中也包括俄罗斯进步站和印度巴拉提站的外国同事们，在大家的陪伴和支持下，我们共同度过了一段最艰难却又最幸福的岁月；除此之外，感谢冰山、企鹅、星空和极光，让我在人迹罕至的绝境里触摸到了大自然的壮美，感受到了生命的无限。

最后，我要感谢家人，我能在南极现场专注地工作，始终离不开你们的理解和支持！让我感到既幸运又幸福的是，文中的女朋友如今已成为了老婆，在这本书的撰写过程中提出了很多宝贵的建议，要向她致以特别的感谢！

上个月，我国第三十四次南极科考队已经出征，老崔乘坐“雪鹰601”最先一批抵达中山站，开启了他新一轮的南极征程。前些天，当我正忙着准备毕业论文的开题答辩，忽然口袋里传来一阵震动，我掏出手机，原来是老崔发来了微信——“现在外面下小雪啦，在房里喝茶老享受啦。”一起发来的还有几张照片，窗外是中山站熟悉的雪景。

李航

2017年12月于武汉

图书在版编目（CIP）数据

在南极的 500 天 / 李航文图 .—武汉 : 华中科技大学出版社 , 2019.3（2024.4 重印）
ISBN 978-7-5680-4041-9

Ⅰ . ①在… Ⅱ . ①李… Ⅲ . ①南极—科学考察 Ⅳ . ① N816.61

中国版本图书馆 CIP 数据核字 (2018) 第 157766 号

在南极的 500 天
zai Nan ji de 500 Tian

李航　文 / 图

策划编辑：陈心玉
责任编辑：陈心玉
封面设计：三形三色
版式设计：颜小曼
责任校对：李　琴
责任监印：朱　玢
出版发行：华中科技大学出版社 (中国 · 武汉)　　电话：(027)81321913
武汉市东湖新技术开发区华工科技园　　邮编：430223
录　　排：孙雅丽
印　　刷：武汉精一佳印刷有限公司
开　　本：880mm × 1230mm　1/32
印　　张：8
字　　数：185 千字
版　　次：2024 年 4 月第 1 版第 3 次印刷
定　　价：69.00 元